太阳能光伏发电技术

主　编　谢　军

副主编　汤代斌　郭　婷

参　编　马卫民　余搏立　尹晓落

机械工业出版社

本书共分为 7 章，分别从太阳能光伏发电系统的各个组成部分，较为系统、全面地介绍了光伏发电系统的基础知识、应用技术与实验实训，内容包括：光伏发电系统、太阳能电池、储能单元、控制器、逆变器、太阳能光伏发电系统的设计、光伏发电技术实验及实训。

本书可以作为高职院校光伏发电技术与应用及相关专业教材，还可作为从事光伏产业的工程技术人员的培训教材或参考书。

为便于教学，本书配套有电子课件、习题答案等教学资源，选择本书作为教材的教师可来电（010-88379195）索取，或登录 www.cmpedu.com 网站注册、免费下载。

图书在版编目（CIP）数据

太阳能光伏发电技术/谢军主编. —北京：机械工业出版社，2017.12
（2025.1 重印）

ISBN 978-7-111-58839-9

Ⅰ.①太… Ⅱ.①谢… Ⅲ.①太阳能发电 Ⅳ.①TM615

中国版本图书馆 CIP 数据核字（2018）第 000065 号

机械工业出版社（北京市百万庄大街 22 号 邮政编码 100037）
策划编辑：柳 瑛 责任编辑：柳 瑛 责任校对：张 薇
封面设计：马精明 责任印制：张 博
北京建宏印刷有限公司印刷
2025 年 1 月第 1 版第 11 次印刷
184mm×260mm · 8.25 印张 · 192 千字
标准书号：ISBN 978-7-111-58839-9
定价：29.80 元

电话服务　　　　　　　　　　网络服务
客服电话：010-88361066　　　机 工 官 网：www.cmpbook.com
　　　　　010-88379833　　　机 工 官 博：weibo.com/cmp1952
　　　　　010-68326294　　　金 书 网：www.golden-book.com
封底无防伪标均为盗版　　机工教育服务网：www.cmpedu.com

前言 ◀◀◀◀◀

　　能源是国民经济发展的重要基础之一。随着国民经济的发展，能源的缺口增大，能源安全及能源在国民经济中的地位越显突出。我国是世界上少数几个能源结构以煤为主的国家之一，也是世界上最大的煤炭消费国，燃煤造成的环境污染日益突出。从我国目前能源生产及能源消费的实际状况出发，发展新能源及高效节能的技术及产品是保证我国可持续发展的重要举措。因此，大力发展新能源和可再生能源是我国未来的能源发展战略要求。太阳能光伏发电是新能源和可再生能源家族的重要成员之一。近年来我国出台了一系列鼓励太阳能光伏产业发展的政策，积极推动其发展。

　　2017 年上半年，我国新增光伏发电装机容量 2440 万 kW，同比增长 9%，其中，光伏电站 1729 万 kW，同比减少 16%；分布式光伏 711 万 kW，同比增长 2.9 倍。2007 年 6 月新增光伏发电装机容量达 1315 万 kW，同比增长 16%，其中，光伏电站 1007 万 kW，同比减少 8%；分布式光伏 308 万 kW，同比增长 8 倍。截至 6 月底，我国光伏发电装机容量已达到 10182 万 kW，其中，光伏电站 8439 万 kW，分布式光伏 1743 万 kW。我国光伏产业的发展前景十分广阔。

　　"太阳能光伏发电技术"是光伏技术类专业重要的专业核心课，也是一门跨光学、机电、化学等多领域的综合性课程，具有很强的理论性和实践性。本书以太阳能光伏发电系统结构为主线，系统、全面地介绍了光伏发电系统的基础知识、组成结构、系统设计以及应用技术，同时还配有相应的实验和实训，理论结合实际，有利于实现"做中学、学中做"。

　　本书在内容设计上，力求做到向下延伸，特别对于跨领域的光学及化学知识进行了深入浅出的讲解。在实验实训的环节，设计力求简单易行，既方便教师教学，又方便学生自学，让学生能快速了解和掌握太阳能光伏发电技术，同时又能在实训中巩固和强化。

　　本书由安徽职业技术学院谢军担任主编，安徽机电职业技术学院汤代斌、陕西航天职工大学郭婷担任副主编，全书由谢军统稿。

　　本书是安徽省省级规划教材，同时也是安徽省省级新能源应用技术专业综合改革试点建设的成果体现。

　　编写中参考了不少书籍、文章，在此谨向相关作者致以谢意。

　　由于编者水平有限，书中难免有不当和疏漏之处，敬请广大读者批评指正。

编　者

目 录 ◀◀◀◀◀

第1章 ◀◀◀◀◀◀

光伏发电系统

随着现代工业的发展，在常规一次性能源匮乏、经济高速发展以及全球环境日益恶化的压力下，太阳能资源优势已得到全世界的高度重视，太阳能光伏行业正在迅速成长。面对全球范围内的能源危机和环境压力，人们渴望用可再生能源来代替常规能源。研究和实践表明，太阳能是资源最丰富的可再生能源，它分布广泛、可再生、不污染环境，是国际公认的理想替代能源。在长期能源战略中，太阳能光伏发电（简称光伏发电）将成为人类社会未来能源的基石、世界能源舞台的主角，它是太阳能利用的一种重要形式。利用太阳能电池方阵、充放电控制器、逆变器、测试仪表和计算机监控等电子设备，蓄电池或其他蓄能和辅助发电设备将太阳能转换为电能的发电系统称为太阳能光伏发电系统。

光伏发电系统具有以下特点：

1）能量来源于太阳能，取之不尽，用之不竭。

2）没有空气污染，不排放废水、废气、废渣。

3）没有转动部件，不产生噪声，无需或极少需要维护。

4）没有燃烧过程，不需要燃料。

5）运行可靠性、稳定性好。

6）作为关键部件的太阳能电池使用寿命长，晶体硅太阳能电池寿命可达 25 年以上。

7）根据需要很容易扩大发电规模。

1.1 光伏发电系统的工作原理

光伏发电是根据半导体界面的光生伏特效应原理，利用太阳能电池将光能直接转变为电能。光伏发电系统主要由太阳能电池、控制器和逆变器三部分组成，白天在太阳光的照射下，太阳能电池产生一定的电动势，使得太阳能电池方阵电压达到系统输入电压的要求，然后在控制器和逆变器等部件的配合下，将所产生的直流电能转换成交流电能。

1.2 光伏发电系统的组成

光伏发电系统的规模和应用形式各异，系统规模跨度很大，但其组成结构基本相同。图1-1 所示为直流负载的光伏发电系统，它主要由太阳能电池方阵、蓄电池、控制器、逆变器等设备组成。各部分设备作用如下：

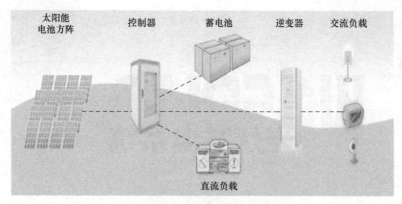

图 1-1　直流负载的光伏发电系统

1. 太阳能电池方阵

一个太阳能单体电池只能产生大约 0.5V 电压，远低于实际应用系统所需要的电压，因此需要将太阳能单体电池通过互连带（涂锡铜带）连接成组件。多晶硅组件的规格主要有 60 片多晶电池片组件和 72 片多晶硅电池片组件。当需要更高的电压和电流时，可以将多个组件按照系统逆变器输入电压的需求串、并联组成太阳能电池方阵。太阳能电池方阵是光伏发电系统的核心部分，也是光伏发电系统中价值最高的部分，其作用是将太阳的辐射能转换为电能，或送往蓄电池中储存起来，或带动负载工作。目前主流的晶硅电池组件额定功率为 255~325W，其中单晶硅电池组件的转换效率大约为 16%，多晶硅电池组件的转换效率大约为 15%。要安装太阳能电池方阵需要占用一定的面积，例如 3kW 的太阳能电池阵列大约占 20~30m^2 的面积。

太阳能电池方阵的电路图如图 1-2 所示，由太阳能电池组件构成的纵列组件、逆流防止元件（防逆流二极管）VD_S、旁路元件（旁路二极管）VD_b 以及端子箱体等组成。纵列组件是根据所需输出电压将太阳能电池组件串联而成的电路。各纵列组件经逆流防止元件并联而成。

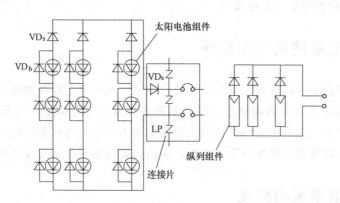

图 1-2　太阳能电池方阵电路图

当某一太阳能电池组件被树叶、日影覆盖的时候，几乎不能发电。此时，方阵中各纵列组件之间的电压会出现不相等、不平衡的情况，引起各纵列组件间、阵列间环流以及逆变器等设备的电流逆流情况。为了防止逆流现象的发生，需要在各纵列组件上串联防逆流二极管。防逆流二极管一般装在接线盒内，也有安装在太阳能电池组件的端子箱内的。选用防逆流二极管时，一般要考虑所在回路的最大电流，并能承受该回路的最大反向电压。

另外，各太阳能电池组件都接有旁路二极管。当太阳能电池方阵部分被日影遮盖或组件的某部分出现故障时，电流将不流过未发电的组件而流经旁路二极管，并为负载提供电力。如果不接旁路二极管，各纵列组件的输出电压的合成电压将对未发电的组件形成反向电压，出现过热部分，还会导致电池方阵的输出电能下降。

一般来说，1~4块组件并联一个旁路二极管，安装在太阳能电池背面的端子盒的正负极之间。选择旁路二极管时应使其能通过纵列组件的短路电流，反向耐压为纵列组件的最大输出电压的1.5倍以上。图1-3所示为太阳能电池方阵的实际构成图，图1-3a所示为纵列组件，图1-3b所示为根据所需容量将多个纵列组件并联而成的太阳能电池方阵。

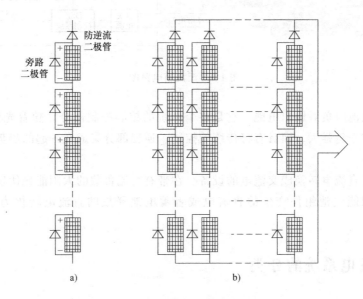

图1-3 太阳能电池方阵实际构成图

2. 汇流箱

光伏阵列汇流箱（简称汇流箱）为室外设备，其主要作用是将多路纵列组件汇总到一块实现并联，该装置主要包括太阳能电池方阵输入回路、汇流输出回路、浪涌保护装置、防逆流保护装置、输出控制装置、光伏监控单元等，如图1-4所示。

3. 蓄电池

蓄电池的作用是将太阳能电池组件产生的电能储存起来，当光照不足或晚上，或者负载需求大于太阳能电池组件所发的电量时，将储存的电能释放，以满足负载的能量需求。它是独立光伏发电系统的储能部件。目前我国与独立太阳能发电系统配套使用的蓄电池主要是铅酸蓄电池和镉镍蓄电池。配套200A·h以上的铅酸蓄电池，一般选用固定式或工业密封式免维护铅酸蓄电池，每个蓄电池（单体）的额定电压为DC 2V；配套200A·h以下的铅酸蓄电池，一般选用小型密封免维护铅酸蓄电池，每个蓄电池的额定电压为DC 12V。

4. 控制器

控制器能对蓄电池的充、放电条件加以规定和控制，并按照负载的电源需求控制太阳能

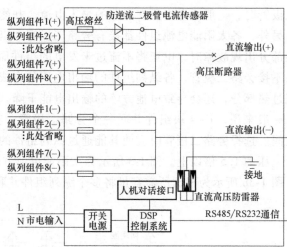

图 1-4　汇流箱电路图

电池组件和蓄电池对负载输出电能。它是整个系统的核心控制部分。随着光伏产业的发展，控制器的功能越来越强大，而且有将传统的控制、逆变部分集成在一起的趋势。

5. 逆变器

逆变器是将直流电转换成交流电的设备。在带有交流负载的太阳能光伏发电系统中，通过逆变器将太阳能电池组件产生的直流电或者蓄电池释放的直流电转化为负载需要的交流电。

1.3　光伏发电系统的分类

按供电特点划分，一般将光伏发电系统分为独立光伏发电系统（或称离网系统）、并网光伏发电系统和混合发电系统。

1.3.1　独立光伏发电系统

独立光伏发电系统是利用太阳能电池组件方阵直接将太阳辐射能转为电能，且不需与常规电力系统相连而独立运行的光伏系统。在这种系统中，要把使用的电量限制在系统的发电量以下，在太阳光照射下，太阳能电池将产生的电能通过控制器直接给负载供电，或者在满足负载需求的情况下将多余的电力充给蓄电池进行能量储存。当日照不足或者在夜间系统不能发电时，则由蓄电池直接给直流负载供电或者通过逆变器给交流负载供电。这样的系统多用在离电网较远的山区、岛屿等地区。

独立光伏发电系统按照供电类型可分为直流系统、交流系统和交直流混合系统，其主要区别是系统中是否有逆变器。一般来说，独立光伏发电系统主要是由太阳能电池方阵、控制器、蓄电池、汇流箱等组成。若输出电源为交流 220V 或 110V，则需要配置逆变器。独立光伏发电系统组成框架如图 1-5 所示。

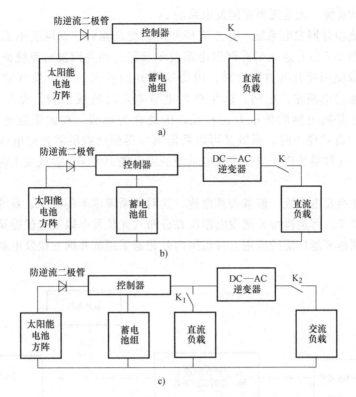

图 1-5 独立光伏发电系统组成框图
a) 直流系统 b) 交流系统 c) 交直流混合系统

1.3.2 并网光伏发电系统

除独立光伏发电系统外，并网光伏发电系统也是太阳能发电的一种重要形式。独立光伏发电系统因不需要与公共电网相连接，所以必须增加储能元件，且常规储能元件（如蓄电池等）寿命太短，在很大程度上增加了系统的成本。若并网光伏发电系统不经过蓄电池储能，直接通过并网逆变器接入电网，则建设和维护成本较低，因此，并网光伏发电系统是现在和未来太阳能发电的主流形式。

并网光伏发电系统主要由太阳能电池方阵、光伏并网逆变电源等组成。并网逆变器将太阳能电池方阵所发出的直流电逆变为正弦交流电并入电网中。除此之外，为了便于计量从电网买入和售出给电网的电能，在并网光伏发电系统中一般还会加入电能表。并网光伏发电系统结构框图如图1-6所示。

1. 以所产生的电能能否返送到电力系统分类

并网光伏发电系统根据其所产生的电能能否返送到电力系统，可以分为有

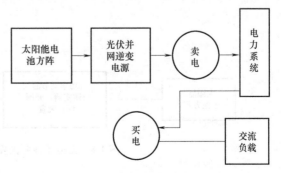

图 1-6 并网光伏发电系统结构框图

逆流型并网发电系统、无逆流型并网发电系统。

（1）有逆流型并网发电系统　有逆流型并网系统是相对于并网发电系统与电网的电流流向而言的。图1-7是有逆流型并网发电系统示意图。当并网发电系统的发电量除满足本身交流用电负载使用还有电力剩余时，因为这类并网发电系统中没有储能元件，所以将部分剩余电流通过电缆输入电网，以免在发电量剩余时造成浪费，充分发挥光伏发电系统的效能，由于是同电网的供电方向相反，因此称为逆流。在太阳能电池方阵所发出的电力达不到用户负载要求时，系统又可以从电网中得到负载所需要的电能，所以系统的效能比达到最高。这种系统用于当光伏发电系统的发电能力大于负载或发电时间与负载用电时间不匹配的情况。

有逆流型并网发电系统一般省去蓄电池，这对于系统成本的减少、系统维护和检修费用的降低有重要意义。有逆流型并网发电系统在分布式光伏发电以及光伏建筑一体化等光伏发电系统中正得到越来越广泛的应用。目前国内外普遍采用的并网光伏发电系统就是有逆流型并网系统。

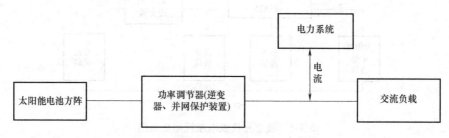

图1-7　有逆流型并网发电系统示意图

（2）无逆流型并网发电系统　无逆流型并网发电系统如图1-8所示。无逆流型并网系统与有逆流型并网系统相比，当并网光伏发电系统发电量有剩余时，不输入电网，只能通过某种手段加以处理或放弃，因此称为不可逆。无逆流型并网系统要对交流用电负载功率进行非常准确的估算，否则当太阳能电池方阵的电能过剩时既无法储存也无法输入电网，对资源是一种极大的浪费。但与有逆流型并网系统相同的是，当太阳能电池方阵所发的电量无法满足负载用电需要时，光伏发电系统可以从电网得到电能，以满足系统需要。这种系统适用于光伏发电系统的发电能力小于或等于负载的情况。

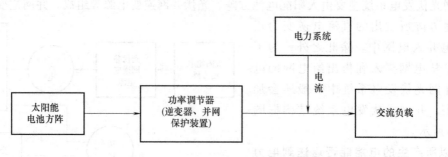

图1-8　无逆流型并网发电系统示意图

2. 以用电类型分类

并网光伏发电系统根据用电类型，又可以分为直、交流型并网发电系统，切换性并网发电系统和地域型并网发电系统。

（1）直、交流型并网发电系统 该系统就是将光伏发电系统所产生的直流电直接供用电设备使用。该系统有时与电力系统并用，主要目的是提高供电的可靠性。图1-9a为直流型并网光伏发电系统示意图。由于负载需要直流电供应，而太阳能电池方阵发出的电力为直流电源，所以直流型并网光伏发电系统所产生的电能可以直接供直流负载设备使用。图1-9b为交流型并网光伏发电系统示意图，它可以为交流负载提供电能。图中实线部分表示正常情况下的电能流向，虚线部分表示特殊或发生灾难情况下的电流流向。

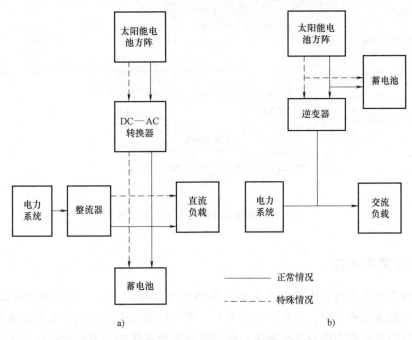

图 1-9 直、交流型并网发电系统示意图
a) 直流系统 b) 交流系统

（2）切换型并网发电系统 切换型并网系统顾名思义就是可以进行切换的并网系统。确切来讲即在正常情况下，切换型并网系统与电网处于分离状态；当日照不充分或连续阴雨天以及其他情况时，太阳能电池方阵发出的电力无法满足负载供电需要求时，切换装置自动将电路切向国家电网一边，由电网为负载供电。这种系统的特点是在系统设计蓄电池的容量时可选择容量相对较小的，这样可以大大减少系统的成本。切换型并网发电系统示意图如图1-10所示。

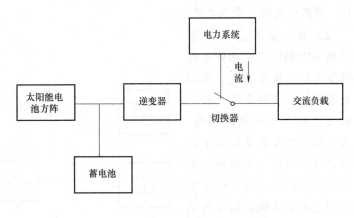

图 1-10 切换型并网发电系统示意图

（3）地域型并网发电系统　地域型并网发电系统中发出的电能首先会向地域范围内的负载供电，例如住宅用并网光伏发电系统，当太阳能光伏发电站发出的电力有剩余时，会经过电能存储系统储存起来，在储存后仍有剩余电能时可以通过连入国家电网卖给电力系统；在太阳能光伏发电站的电力不能满足负载用电的需要时，先由区域电能存储系统供电，仍无法满足负载用电需求时，则从电力系统买入电能。地域型并网发电系统如图1-11所示。

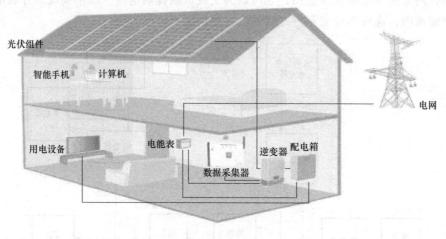

图1-11　地域型并网发电系统示意图

1.3.3　混合发电系统

当太阳能光伏发电所提供的电力不足（如遇到连续阴雨天气、冬季日照时间过短等），需要使用其他能源来补充时，可以将风力发电、燃料电池发电等其他发电系统与光伏发电系统并用，这样的系统叫作混合发电系统。使用混合发电系统的目的就是综合利用各种发电技术的优点，避免各自的缺点，混合发电系统与单一能源的独立系统相比所提供的电源对天气的依赖性较小。

（1）太阳能光伏、燃料电池混合发电系统　为综合利用能源、提高能源的利用率、节约电费、减少环境污染，有时将燃料电池与太阳能光伏发电系统混合在一起用，构成太阳能光伏、燃料电池混合发电系统。

（2）光、柴混合发电系统　利用太阳能光伏和柴油机共同发电的系统称为光、柴混合发电系统。这种系统一般用于对用电要求非常高的场合。当太阳能光伏发电系统由于日照不足或阴雨天气无法满足用电负载要求时，混合发电系统会自动起用柴油机发电来为系统供电。这种发电系统的特点

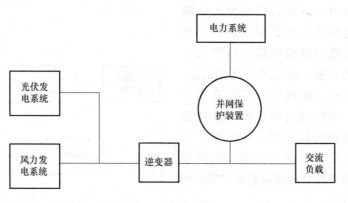

图1-12　风、光互补型混合发电系统原理图

是供电稳定，大大提高了系统的稳定性和可靠性。此外，还大大节省了柴油机的耗油量，降低了同等系统的成本。

（3）风、光互补型混合发电系统　当利用光伏发电提供的电力不足时，可以利用风力发电；当风力发电不足时，可以利用光伏发电，这样的系统称为风、光互补型混合发电系统，如图1-12所示。

风、光互补系统同时利用太阳能和风能发电，因此对气象资源的利用更加充分，可实现昼夜发电。在适宜气象条件下，风、光互补系统可提高系统供电的连续性和稳定性。由于通常夜晚无光照时恰好风力较大，所以互补性好，可以减少系统太阳能组件的配置，从而大大降低系统造价，单位容量的系统初投资和发电成本均低于独立的光伏发电系统。该系统发电有余时可向电力系统卖电；当该系统所发出的电能不足时，可以由电力系统供电。图1-13所示为风、光互补型混合发电系统应用实例图。

图1-13　风、光互补型混合发电系统应用实例图

1.4　光伏发电系统应用

光伏发电系统主要用于分布式光伏电站、集中式光伏电站、空间站和卫星电源等方面。

1.4.1　分布式光伏电站

分布式光伏电站特指在用户场地附近建设，运行方式以用户侧自发自用、多余电量上网，且在配电环节平衡调节为特征的光伏发电设施。它具有以下特点：一是输出功率相对较小，一般而言，一个分布式光伏发电项目的容量在数千千瓦以内，光伏电站的大小对发电效率的影响很小，因此对其经济性的影响也很小，小型光伏系统的投资收益率并不会比集中式光伏电站低；二是污染小，环保效益突出，分布式光伏发电项目在发电过程中，没有噪声，也不会对空气和水产生污染；三是能够在一定程度上缓解局部地方的用电紧张状况。目前应用最为广泛的分布式光伏发电系统，是建在城市建筑物屋顶和农村的光伏发电项目。

分布式光伏发电系统通常在建筑物之上建设，从与建筑结合的形式上，可以分为附加式（BAPV，Building Attached Photovoltaic）光伏电站和集成式（BIPV，Building Integrated Photovoltaic）光伏电站两种类型。BAPV是指通过简单的支撑结构将光伏组件附着安装在建筑上的形式，不会增加建筑的防水、遮风等功能，通常所说的光伏屋顶即属于此范畴，如图1-14所示。BIPV则是应用太阳能发电的一种新概念，是将光伏组件或材料集成到建筑上，使其成为建筑物不可分割的一部分，光伏组件发挥遮风、挡雨、隔热等功能，移走光伏组件之后建筑将失去这些功能，如图1-15所示。早期的光伏建筑以BAPV为主，近期光伏建筑以BIPV为主。BIPV组件可以划分为两种形式：一种是光伏屋顶结构，另一种是光伏幕墙结构。

图 1-14 义乌国际商贸城三期市场 BAPV

图 1-15 上海世博会 BIPV

1.4.2 集中式光伏电站

集中式光伏电站通常是指充分利用荒漠地区丰富和相对稳定的太阳能资源构建大型光伏电站，接入高压输电系统供给远距离负载，如图 1-16 所示。它具有以下特点：一是由于选址更加灵活，光伏出力稳定性有所增加，并且充分利用太阳辐射与用电负载的正调峰特性，

图 1-16 集中式光伏电站

a）西班牙 Olmedilla 光伏电站 b）西班牙 Almeria 光伏电站 c）徐州协鑫光伏电站 d）大唐甘肃武威光伏电站

起到削峰的作用；二是运行方式较为灵活，相对于分布式光伏可以更方便地进行无功和电压控制，参加电网频率调节也更容易实现；三是建设周期短，环境适应能力强，不需要水源、燃煤运输等原料保障，运行成本低，便于集中管理，受到空间的限制小，可以很容易地实现扩容。

1.4.3 其他应用

1. 在卫星上的太阳能应用

在有光照时，利用太阳能电池板供电并对蓄电池充电，无光照时则利用蓄电池供电运行。太空中的天气是有规律的，不像地球上一样有时阴天有时下雨，只有很少部分时间被地球挡住时没有光照。例如在天宫一号外部安置太阳翼，太阳能电池将光能转变为电能。如图1-17所示为空间站电源。

图 1-17 空间站电源

2. 太阳能发电的其他应用

太阳能路灯是一种利用太阳能作为能源的路灯，因其具有不受供电影响、不用开沟埋线、不消耗常规电能、只要阳光充足就可以就地安装等特点，受到人们的广泛关注，又因其不污染环境，而被称为绿色环保产品。太阳能路灯既可用于城镇公园、道路、草坪的照明，又可用于人口密度较低、交通不便、经济不发达、缺乏常规燃料，难以用常规能源发电，但太阳能资源丰富的地区。

太阳能路灯、公交候车亭，以及太阳能在农林牧渔等方面的应用等如图1-18所示。

a)   b)

图 1-18 太阳能发电应用

a）太阳能路灯 b）太阳能公交候车亭

 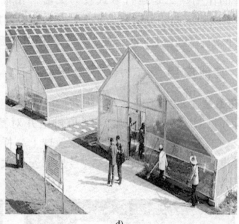

图 1-18　太阳能发电应用（续）
c）渔光互补电站　d）光伏大棚

习　题

一、填空题

1. 太阳能利用的基本方式可以分为_____、_____、_____、_____。

2. 并网光伏发电主要用于_____和_____。

3. 光伏与建筑相结合光伏发电系统主要分为_____和_____。

4. 住宅用独立光伏发电系统以太阳能作为主要供电能量，白天发电系统对蓄电池进行_____；晚间发电系统对蓄电池所储存的电能进行_____。

5. 独立光伏发电系统主要由太阳能电池方阵、_____、_____和_____等组成。

6. 为能向 AC 220V 的电器提供电能，需要将太阳能发电系统所发出的直流电能转换成交流电能，因此需要使用_____。

7. 太阳能光伏电站按照运行方式可分为_____和_____。未与公共电网相连接独立供电的太阳能光伏电站称为_____。

二、选择题

1. 与常规发电技术相比，光伏发电系统有很多优点，下面哪一项不是光伏发电系统的优点（　　）？

A. 清洁环保，不产生公害　　　　　　B. 取之不尽、用之不竭

C. 不存在机械磨损、无噪声　　　　　D. 维护成本高、管理烦琐

2. 与并网光伏发电系统相比（　　）是独立光伏发电系统不可缺少的一部分。

A. 太阳能电池板　　B. 控制器　　C. 蓄电池组　　D. 逆变器

3. 关于光伏建筑一体化的应用叙述不正确的是（　　）。

A. 采用并网光伏系统，不需要配备蓄电池　B. 造价低、成本小、稳定性好

C. 绿色能源，不会污染环境　　　　　D. 起到建筑节能作用

4. （　　）是整个独立光伏发电系统的核心部件。

A．太阳能电池方阵　　　B．蓄电池组　　　C．充放电控制器　　　D．储能元件

5．独立光伏发电系统较并网光伏发电系统建设成本、维护成本（　　　）。

A．偏高　　　　　　　B．偏低　　　　　　C．一致　　　　　　　D．无法测算

6．目前国内外普遍采用的并网光伏发电系统是（　　　）。

A．有逆流型并网系统　　　　　　　　B．无逆流型并网系统

C．切换型并网系统　　　　　　　　　D．直、交流型并网系统

三、简答题

1．简述太阳能发电原理。

2．什么是光伏效应？

3．BAPV 和 BIPV 有什么区别？

4．目前光伏发电产品主要用于哪些方面？

5．简述独立光伏发电系统的构成及其作用。

6．简述光伏建筑一体化（BIPV）国内外发展的情况（列举 4 个即可）。

7．根据自己的理解来简述太阳能光伏发电技术在生活中的应用。

8．简述太阳能光伏发电系统的种类。

9．简述光伏发电与其他常规发电相比具有的主要特点。

第2章 ◄◄◄◄◄

太阳能电池

光伏发电系统最核心的器件是太阳能电池。由于太阳能电池可以将太阳的光能直接转换成电能，无复杂部件、无转动部分、无噪声等，因此使用太阳能电池的光伏发电是太阳能利用较为理想的方式之一。太阳能电池质量的好坏直接影响太阳能光伏发电系统的输出功率及使用寿命，本章重点讲述太阳能电池的原理、特性及种类。

2.1 太阳能电池的工作原理、特性及分类

太阳能电池是一种具有光生伏特效应的半导体器件，它由两层半导体材料组成，其厚度约为1/100in(1in=2.54cm)，形成两个区域：一个正电荷区、一个负电荷区。正电荷区位于电池的下层，负电荷区位于电池的上层，正负电荷区交界面附近的区域称为PN结。PN结是太阳能电池的核心，是其赖以工作的基础。

2.1.1 太阳能电池发电的基本原理及结构

1. 太阳能电池的基本工作原理

太阳能电池工作原理的基础是半导体PN结的光生伏特效应。所谓光生伏特效应，就是当物体受到光照时，其体内的电荷分布状态发生变化而产生电动势的一种效应。在气体、液体和固体中均可产生这种效应，但在固体尤其是在半导体中，光能转换为电能的效率特别高，因此半导体中的光电效应格外引起人们的关注，人们也研究的最多，并发明制造出了半导体太阳能电池。太阳能电池的原理：太阳能电池是通过光电效应或者光化学效应直接把光能转化成电能的装置。太阳光照在半导体PN结上，形成新的空穴-电子对。在PN结电场的作用下，空穴由N区

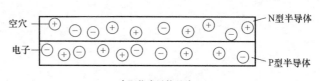

太阳能半导体晶片

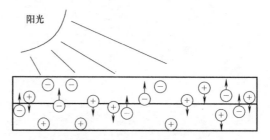

晶片受光过程中带正电的空穴往P型区移动
晶片受光过程中带负电的电子往N型区移动

图2-1 光生伏特效应原理示意图

流向 P 区，电子由 P 区流向 N 区，接通电路后就形成电流。图 2-1 所示为光生伏特效应原理示意图，图 2-2 为太阳能电池发电原理示意图。

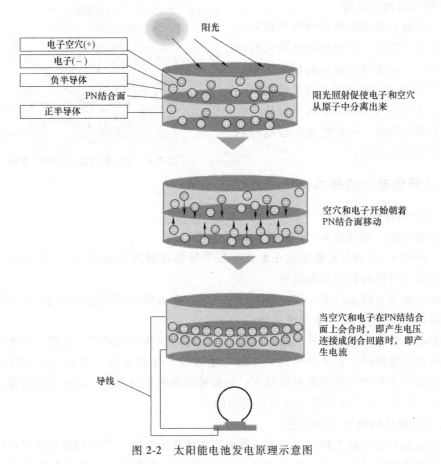

图 2-2　太阳能电池发电原理示意图

将半导体太阳能电池的发电过程概括成以下四点：

1）收集太阳光和其他光能，使之照射到太阳能电池表面上。

2）太阳能电池吸收具有一定能量的光子后，半导体内产生空穴—电子对，两者极性相反。

3）这些电性相反的光生载流子在太阳能电池 PN 结内建电场的作用下，空穴—电子对被分离，电子集中在一边，空穴集中在另一边，在 PN 结两边产生异性电荷的积累，从而产生光生电动势，即光生电压。

4）在太阳能电池 PN 结的两侧引出电极，并接上负载，则在外电路中有光生电流通过，从而获得功率输出，这样太阳能电池就把太阳能（或其他光能）直接转换成了电能。

由于半导体不是电的良导体，因此如果电子通过 PN 结后在半导体中流动，电阻就会非常大，损耗也非常大。但若在上层全部涂上金属，阳光则不能通过，电流就不能产生，因此一般用金属网格覆盖 PN 结，以增加入射光的面积。

另外，硅表面非常光亮，会反射大量的太阳光，不能被电池利用。为此，给它涂上了一层反射系数非常小的保护膜，将反射损失减小到 5% 甚至更小。一个电池所能提供的电流和电压毕竟有限，于是又将很多电池（通常是 36 个）并联或串联起来使用，形成太阳能电池组件。

2. 太阳能电池的结构

因生产制造太阳能电池的基体材料和所采用的工艺方法不同，太阳能电池的结构也是多种多样。现在大部分使用的都是 P 型半导体与 N 型半导体组合而成的 PN 结型太阳能电池，它主要由 P 型和 N 型半导体、电极、减反射膜等构成。一般的太阳能电池的结构原理图如图 2-3 所示。

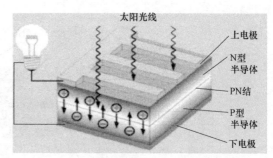

图 2-3　太阳能电池的结构原理图

2.1.2　太阳能电池的基本特性

1. 太阳能电池的极性

硅太阳能电池一般制成 p+/n 型结构或 n+/p 型结构。

其中，p+ 和 n+ 表示太阳能电池正面光照层半导体材料的导电类型；n 和 p 表示太阳能电池背面衬底半导体材料的导电类型。

太阳能电池的电性能与半导体材料的特性有关。在太阳光或其他光照时，太阳能电池输出电压的极性：p 电极为正，n 电极为负。

当太阳能电池作为电源与外电路连接时，太阳能电池在正向状态下工作，当太阳能电池与其他电源联合使用时，如果外电路的正极与电池的 p 电极连接，负极与电池的 n 电极连接，则外电源向太阳能电池提供正向偏压；如果外电源的正极与电池的 n 电极连接，负极与 p 电极连接，则外电源向太阳能电池提供反向偏压。

2. 太阳能电池的电流-电压特性

太阳能电池的工作电流和电压随着负载电阻的变化而变化，将不同阻值所对应的工作电压和电流值绘成曲线就能得到太阳能电池的电流-电压特性曲线。如图 2-4 所示，I 为电流，I_{SC} 为短路电流，I_{MP} 为最大工作电流，U 为电压，U_{OC} 为开路电压，U_{MP} 为最大工作电压。其中短路电流 I_{SC} 与太阳能电池的面积大小有关，面积越大，I_{SC} 越大。面积为 $1cm^2$ 太阳能电池的 I_{SC} 为 16 ~ 30mA。开路电压 U_{OC} 与光谱辐照强度有关，与太阳能电池面积无关。在 $100mW/cm^2$ 的光谱辐照度下，太阳能电池的开路电压为 450 ~ 600mV。

太阳能电池的电流-电压特性曲线显示了通过太阳能电池（组件）传送的电流 I 与电压 U 在特定的太阳光谱辐照度下的关系。

如果太阳能电池（组件）电路短路，即 $U = 0$，此时的电流为短路电流 I_{SC}；如果电路开路，即 $I = 0$，此时的电压为开路电压 U_{OC}。太阳能电池的输出功率等于流经该电池（组件）的电流与电压的乘积，即 $P = UI$。当太阳能电池（组件）的电压上升时，例如通过增加负载的电阻值或电池（组件）的电压从零（短路条件下）开始增加时，电池（组件）输出功率亦从零开始增加；当电压达到一定值时，功率可达到最大，这时当阻值继续增加时，功率将跃过最大点，并逐渐减少至零，即电压达到开路电压 U_{OC}。电池（组件）输出功率达到的最大点时的电压称为最大工作电压 U_{MP}；该点所对应的电流，称为最大功率点电流 I_{MP}，又称为最大工作电流；该点的功率，则称为最大功率（峰值功率）P_M。

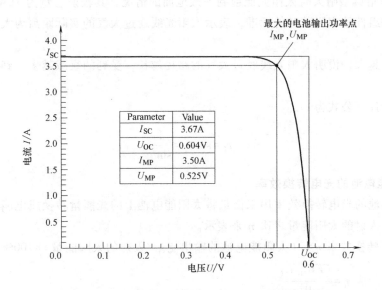

图 2-4 常用的太阳能电池电流-电压特性曲线

填充因子是峰值功率与电池的短路电流和开路电压乘积的比值，用 *FF* 表示。

$$FF = \frac{P_\mathrm{M}}{U_\mathrm{OC}I_\mathrm{SC}} = \frac{U_\mathrm{MP}I_\mathrm{MP}}{U_\mathrm{OC}I_\mathrm{SC}}$$

填充因子是衡量电池输出特性的重要指标，代表电池在最佳负载时所能输出的最大功率，其值越大表明太阳能电池的输出特性越好。一般该值应在 0.70~0.85。

太阳能电池的输出功率取决于太阳辐照度、太阳光谱分布和太阳能电池的工作温度，因此太阳能电池性能的测试须在标准条件（STC）下进行。测量标准被欧洲委员会定义为 101 号标准，其测试条件是：

◆光源辐照度 $1000\mathrm{W/m^2}$；

◆大气质量为 AM1.5 时的光谱辐照度分布；

◆测试温度（25±20）℃。

在该条件下，光伏组件输出的最大功率称为峰值功率，也是光伏组件的标称功率，在以瓦（特）为计算单位时称为峰瓦，用符号 Wp 表示。

为了能够方便地研究太阳辐射受地球大气衰减作用的影响，需要测量太阳辐射通过大气的厚度，因此定义了大气质量（air-mass，AM），即太阳光线通过大气的实际距离与大气的垂直厚度之比，它是一个无量纲的量，用 *m* 表示，示意图如图 2-5 所示。

海平面上太阳光线垂直入射（太阳高度角 $h = 90°$）时，$m = 1$，记为 AM1；大气层上界的大气质量 $m = 0$（AM0）；$m = 1.5$，写

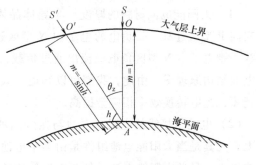

图 2-5 大气质量示意图

成 AM1.5，是指典型晴天时太阳光照射到一般地面的情况，其辐射总量为 $1kW/m^2$，常用于太阳能电池和组件效率测试时的标准，表示太阳光线通过大气的实际距离为大气垂直厚度的 1.5 倍。

大气质量越大，说明太阳光线经过大气的路径越长，受到的衰减越多，到达地面的能量就越少。

大气质量计算公式为

$$m = \sec\theta_z = \frac{1}{\sin h}$$

3. 太阳能电池的光电转换效率

太阳能电池的光电转换效率用来衡量将太阳能电池上的光能量转换成电能的能力，一般用输出能量与入射的太阳能量之比 η 来表示。

转换效率 η =（太阳能电池的输出能量/入射的太阳能量）×100%

也可以表示成 $\eta = \dfrac{FFU_{OC}I_{SC}}{P_{in}}$。

例如，太阳能电池的面积为 $1m^2$，如果太阳能电池的发电功率为 0.1kW，则

太阳能电池的转换效率 $= \left(\dfrac{0.1kW}{1m^2 \times 1kW/m^2} \right) \times 100\% = 10\%$

转换效率为 10% 意味着照射在太阳能电池上的光能只有十分之一被转换成电能。为什么太阳能电池的入射光的能量不能高效地转换成电能呢？主要有以下原因：

1）比硅的禁带（能量带）小的红外线，即波长为 $0.78\mu m$ 以上的光通过太阳能电池时会产生损失。虽然太阳能电池的种类不同，通过的光波长不同，但太阳能电池所产生损失的比例一般为 15%～25%。

2）能量较大的短波长光，由于光的散射、反射而产生损失，这部分损失为 30%～45%。

3）PN 结的内部存在电场，电子、空穴的载流子在流动过程中所产生的损失为 15% 左右。

除了以上理论上的损失导致太阳能电池的转换效率下降之外，实际上还有电流流动所产生的焦耳损失，以及光生伏特效应导致的电子、空穴再结合时所产生的损失，太阳能电池的转换效率一般为 14%～20%。

改善太阳能电池转换效率的方法如下：

（1）太阳能电池材料的厚度　半导体晶体硅太阳能电池受到太阳光照射时，带正电的空穴向 P 型区迁移，带负电的电子向 N 型区迁移。受光后，电池片二电极间如连接有用电负载，则电子由 N 型区负电极流出通过负载，再由 P 型区正电极流入，如图 2-3 所示为太阳能电池结构原理图。由此，我们可以知道，太阳能电池极片越薄，电子、空穴的移动路径就会越短，光电转换效率相应会提高。

（2）电池与接线的电阻　电池与接线间的接触电阻对太阳能电池转换效率的高低影响很大。尤其是当太阳能电池组件是由多个电池通过接线串联而成时，接触电阻对转换效率的影响更大。晶硅太阳能电池元件与电池模块的光电转换效率见表 2-1。

表 2-1 晶硅太阳能电池的光电转换效率

电池种类	单体电池光电转换效率	电池组件光电转换效率
单晶硅	24%~30%	15%~17%
多晶硅	18%~21%	9%~12%
非晶硅	13%	7%

因此，可在采用模块设计时改进横向布线及电池板等布线结构，以减低电阻，并通过缩小电池单元间隔、加大电池单元的排列密度等方式来提高模块的转换效率。此外，也可将金属电极埋入基板中，以减少串联电阻，如图 2-6 所示。

串叠型电池：将太阳能电池制成串叠型电池（Tandem Cell），把两个或两个以上的元件堆栈起来，将能够吸收较高能量光谱的电池放在上层，吸收较低能量光伏的电池放在下层，透过不同材料的电池将光子的能量层层吸收，减少光能的浪费并获得比原来更多的光能。

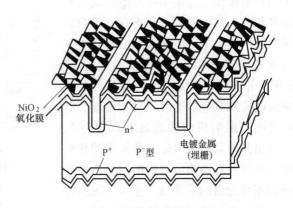

图 2-6 埋栅太阳能电池

（3）电池的表面处理（影响可用的阳光量）

1）抗反射层。在太阳能电池的表面，会镀上一层抗反射层，主要的作用是在吸收太阳能的过程中，减少因反射造成光能流失。抗反射层做得越好，所能运用的光能自然越多，这也是太阳能电池的制造关键。

抗反射层就是在基板上镀一层比基板低折射率的材质，太阳能电池所采用的抗反射层材质不尽相同，如果能开发出最合适的材质，在太阳能电池转换效率的提升上必是一大进步。

2）表面粗化处理。将表面制成金字塔形的组织结构，可增加表面积，吸收更多的阳光。

3）电极形状。将不透光的金属电极制成手指状或是网状，经过层层反射，可使大部分的入射阳光都能进入半导体材料中。

（4）太阳能电池组件安装角度　固定式太阳能电池组件安装：适当装设太阳能电池组件会让转换效率，由于所处纬度的不同，太阳照射角度也不同，因此太阳能电池组件的架设角度也会影响到吸收的阳光。要注意的是，在架设太阳能电池组件的场地周围，须避免建筑物、植物或其他可能的遮蔽物，从而达到最大的转换效率。

跟踪式太阳能电池组件安装：太阳能电池组件在一天中每个时段所能接收的太阳光因方向、角度的不同而不同，无法保持在最大值，因此人们设计出随着太阳的方向、角度而转动的太阳能电池组件，比固定式太阳能电池组件能接收到更多的太阳光，从而达到最大的转换效率。

4. 太阳能电池的光谱响应

太阳能光谱中，不同波长的光具有的能量是不同的，所含的光子数目也是不同的。因此，光照射到太阳能电池上所产生的光子数目也就不同，为反映太阳能电池的这一特性，引入了光谱响应这一参量。

太阳能电池在入射光中每一种波长的光作用下，所收集到的光电流与相对于入射到电池表面的该波长光子数之比，称为太阳能电池的光谱响应，又称为光谱灵敏度。光谱响应有绝对光谱响应和相对光谱响应之分。绝对光谱响应是指某一波长下太阳能电池的短路电流与入射光功率之比，其单位是 mA/mW。由于测量与每一个波长单色光相对应的光谱响应的绝对值较为困难，所以常把光谱响应曲线的最大值定为 1，并求出其他灵敏度对这一最大值的相对值，即相对光谱响应这样得到的曲线则称为相对光谱响应曲线。图 2-7 所示为硅太阳能电池的相对光谱响应曲线。

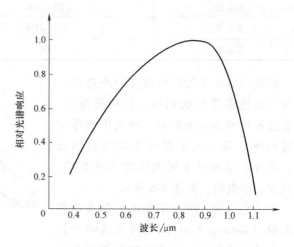

图 2-7　硅太阳能电池的相对光谱响应曲线

5. 太阳能电池的温度特性

太阳能电池的转换效率随温度的变化而变化，温度增加输出电流增加，但温度再上升时，输出的电压减少，转换效率变小。由于温度的持续上升会导致太阳能电池的发电功率下降，因此有时需要用通风的方法来降低太阳能电池的温度，以便提高太阳能电池的转换效率。

太阳能电池的温度特性一般用温度系数来表示，温度系数小，说明即使温度变化较快，其发电功率变化也不大。

2.1.3　太阳能电池的分类

太阳能电池多为半导体材料制造，发展至今，已经种类繁多、形式各样。可以用多种方法对太阳能电池进行分类，如按照结构的不同分类、按照材料的不同分类、按照用途的不同分类、按照工作方式的不同分类等。本节重点按照结构和材料的分类进行介绍。

1. 按照结构分类

（1）同质结太阳能电池　由同一种半导体材料所形成的 PN 结称为同质结。由同质结构成的太阳能电池称为同质结太阳能电池，如硅太阳能电池、砷化镓太阳能电池等。

（2）异质结太阳能电池　由两种禁带宽度不同的半导体材料形成的 PN 结称为异质结。由异质结构成的太阳能电池称为异质结太阳能电池，如氧化锡/硅太阳能电池、硫化亚铜/硫化镉太阳能电池、砷化镓/硅太阳能电池等。如果两种异质材料晶格结构相近，界面处的晶格匹配较好，则称为异质面太阳能电池，如砷化铝镓/砷化镓异质面太阳能电池。

（3）肖特基太阳能电池　利用金属—半导体界面的肖特基势垒而构成的太阳能电池，也称为 MS 太阳能电池，如铂/硅肖特基太阳能电池、铝/硅肖特基太阳能电池等。最初仅是基于金属—半导体接触时，在一定条件下可产生整流接触的肖特基效应。目前已经发展成为金属—氧化物—半导体（MOS）结构和金属—绝缘体—半导体（MIS）结构的太阳能电池，这些又总称为导体—绝缘体—半导体（CIS）太阳能电池。

（4）多结太阳能电池　由多个 PN 结构成的太阳能电池，又称为复合结太阳能电池，有垂直多结太阳能电池、水平多结太阳能电池等。

（5）液结太阳能电池　用浸入电解质中的半导体构成的太阳能电池，也称为光电化学电池。

2. 按材料分类

（1）硅太阳能电池　以硅为基体材料的太阳能电池，有单晶硅太阳能电池、多晶硅太阳能电池等。多晶硅太阳能电池又有片状多晶硅太阳能电池、铸锭多晶硅太阳能电池、筒状多晶硅太阳能电池、球状多晶硅太阳能电池等。

单晶硅太阳能电池是人们最早使用的太阳能电池，其取材比较方便、制造技术比较成熟、转换效率较高、可靠性较高、特性比较稳定、使用时间长，但制造成本较高，如图 2-8a 所示。多晶硅太阳能电池的原材料较丰富，制造比较容易，其使用量已超过单晶硅太阳能电池，占主导地位，如图 2-8b 所示。

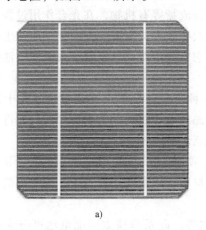 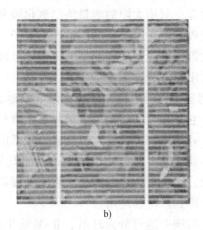

a)　　　　　　　　　　　　　　　　　　b)

图 2-8　硅太阳能电池

a）单晶硅电池片　b）多晶硅电池片

（2）化合物半导体太阳能电池　由两种或两种以上元素组成的具有半导体特性的化合物半导体材料制成的太阳能电池，主要有Ⅲ-Ⅴ族化合物（如砷化镓 GaAs）太阳能电池、Ⅱ-Ⅵ族化合物（如硫化镉 CdS、碲化镉 CdTe）太阳能电池以及三元Ⅰ-Ⅲ-Ⅳ族化合物（如硒铟铜 $CuInSe_2$、磷化铟）太阳能电池。

1）Ⅲ-Ⅴ族化合物太阳能电池。由 GaAs 等Ⅲ-Ⅴ族化合物半导体材料制成的太阳能电池在太空发电领域已得到应用。Ⅲ-Ⅴ族化合物太阳能电池有单结合电池单元、多结合电池单元、聚光型电池单元以及薄膜型电池单元等种类。这种太阳能电池的转换效率较高，单结合的太阳能电池的转换效率为 26%～28%，多结合的有望达到 35%～42%。GaAs 可以做成薄膜太阳能电池，由于其耐辐射性、温度性较好，因此适用于聚光发电。

2）Ⅱ-Ⅵ族化合物太阳能电池。Ⅱ-Ⅵ族化合物（CdS/CdTe）太阳能电池于 1986 年首次用于计算器。1988 年开发出了户外用的太阳能电池组件，具有成本低、转换效率高的特点。CdS/CdTe 太阳能电池的转换效率的理论值一般为 33.62%～44.44%。目前，CdS/CdTe

太阳能小面积电池单元的转换效率达15%以上，大面积电池单元的转换效率达10%以上。将来CdS/CdTe有望作为低成本、高转换效率的薄膜太阳能电池。

3）三元Ⅰ-Ⅲ-Ⅳ族化合物太阳能电池。由于CIS太阳能电池所使用的$CuInSe_2$是直接迁移半导体，与间接迁移硅半导体相比，光吸收系数较大，因此可作为薄膜太阳能电池的材料。CIS太阳能电池可用较低的温度形成CIS薄膜，可做成低成本的衬底。由于光吸收层采用了化合物半导体，因此长时间使用时特性比较稳定。

目前，小面积CIS太阳能电池的转换效率为18.8%，大面积达到12%～14%。另外，CIS太阳能电池的转换效率会随着太阳能电池面积的增加而急剧下降，这是由于CIS太阳能电池的制造技术尚未十分成熟。随着制造技术的提高，它有望达到结晶硅太阳能电池阵列的性能。

对于化合物半导体太阳能电池而言，温度上升对太阳能电池特性的影响不大，但由于制造太阳能电池的资源较少，材料费用较高，目前主要用于宇宙发电。

（3）有机半导体太阳能电池　是用含有一定数量的碳—碳键且导电能力介于金属和绝缘体之间的半导体材料制成的太阳能电池。有机半导体太阳能电池源于植物、细菌的光合作用的模型研究。利用太阳的能量将二氧化碳和水合成糖等有机物，在光合作用过程中，叶绿素等色素吸收太阳光所散发的能量产生电子、空穴导致电荷向同一方向移动而产生电能。有机半导体太阳能电池是一种新型的太阳能电池，它可分成湿式色素增感太阳能电池以及干式有机薄膜太阳能电池。

（4）薄膜太阳能电池　薄膜太阳能电池是一种半导体层厚度在几微米到几十微米的太阳能电池。它是在成本较低的玻璃衬底上堆积结晶硅系等材料的薄膜而形成的元件，具有节约原材料、效率高、特性稳定以及成本较低的特点。

由于单晶硅、多晶硅太阳能电池的半导体层较厚，可达到300μm，随着太阳能发电的应用与普及，大规模生产时需要大量高纯度的硅材料，因此使用原料少、效率高的薄膜太阳能电池将会得到广泛的应用。

薄膜太阳能电池可分为硅系、Ⅱ-Ⅵ族化合物等。硅系薄膜太阳能电池可分为结晶硅系（单晶硅、多晶硅以及微晶硅）、非晶质以及由两者构成的混合型薄膜太阳能电池。一般的非晶质薄膜太阳能电池光吸收层的厚度为0.3μm左右。为了提高非晶质薄膜太阳能电池的转换效率，人们正在研究开发非晶质与多晶硅构成的混合型薄膜太阳能电池。为了克服非晶质薄膜太阳能电池的弱点，目前人们寄希望于多晶硅或微晶硅的薄膜太阳能电池。

CIGS是一种半导体材料，是在通常所称的硒铟铜（CIS）材料中添加一定量的ⅢA族Ga元素替代相应的In元素而形成的四元化合物。CIGS系太阳能电池在薄膜太阳能电池中转换效率较高，将来可达到25%～30%。大面积组件的转换效率已达到12%，在薄膜系中最高。这种太阳能电池的可靠性高、安全性好、无光劣化、耐辐射性好，有望成为新的主流太阳能电池。在化合物薄膜太阳能电池中，小规模CIGS薄膜太阳能电池已有产品上市，用于住宅发电的大面积组件已进入试制阶段。

薄膜太阳能电池还存在一些亟待解决的课题，如微结晶硅、多结晶硅薄膜太阳能电池需要提高小面积电池单元的转换效率；非晶质薄膜太阳能电池需要提高大面积组件转换效率的稳定性以及降低制造工艺的成本；CIGS、CdTe（镉有毒）等薄膜电池需要提高转换效率、开放电压、大面积均匀制模技术等。

2.2 太阳能电池的生产工艺流程

常规晶体硅太阳能电池的生产制造工艺流程如图2-9所示。

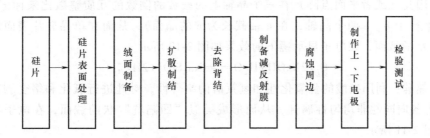

图2-9　晶体硅太阳能电池生产制造工艺流程

太阳能电池与其他半导体器件的主要区别，是需要一个浅结深、大面积的PN结实现能量转换。电极用来输出电能，绒面及减反射膜的作用是减少光的反射，提高光的利用率，使电池的输出功率进一步提高。为使电池成为有用的器件，在制造工艺中还包括去除背结和腐蚀周边两个辅助工序。一般来说，结特性是影响电池光电转换效率的主要因素，电极除影响电池的电性能外还关乎电池的可靠性和寿命。

1. 硅片

硅片是制造太阳能电池的基本材料，它可以由纯度很高的硅棒、硅锭或硅带切割而成。硅材料的性质在很大程度上决定成品电池的性能。硅片的选择就是把性能一致的硅片选择出来，如导电类型、电阻率、晶向、寿命等。若将性能不一致的硅片电池组合起来制作单体太阳能电池，再制作成组件，其输出的功率就会降低。

2. 硅片表面处理

经切片、研磨、倒角、抛光等多道工序加工成的硅片，其表面已吸附了各种杂质，如颗粒、金属粒子、硅粉粉尘及有机杂质，在进行扩散前需要进行清洗，消除各类污染物，且清洗的洁净程度直接影响着电池片的成品率和可靠率。清洗主要是利用NaOH、HF、HCl等化学液对硅片进行腐蚀处理，需要完成如下的工艺：

1）去除硅片表面的机械损伤层。

2）对硅片的表面进行凹凸面（金字塔绒面）处理，增加光在太阳能电池片表面的折射次数，有利于太阳能电池片对光的吸收，以达到电池片对太阳能的最大利用率。

3）清除表面硅酸钠、氧化物、油污以及金属离子杂质。

清洗的原理：

1）HF去除硅片表面氧化层。

$$SiO_2 + 6HF =\!=\!= H_2(SiF_6) + 2H_2O$$

2）HCl去除硅片表面金属杂质。盐酸具有酸和络合剂的双重作用，氯离子能溶解硅片表面可能存在的杂质，铝、镁等活泼金属及其他氧化物。但不能溶解铜、银、金等不活泼的金属以及二氧化硅等难溶物质。

3. 绒面制备

目的：减少光的反射率，提高短路电流，最终提高电池的光电转换效率。

原理：

1）单晶硅：制绒是晶硅电池的第一道工艺，又称"表面织构化"。对于单晶硅来说，制绒是利用碱对单晶硅表面的各向异性腐蚀，在硅表面形成无数的四面方锥体。目前工业化生产中通常是根据单晶硅片的各向异性特点采用碱与醇的混合溶液对 100 晶面进行腐蚀（晶面通常用其（或者平面点阵）在三个晶轴上的截数的倒数的互质整数比来标记，100 晶面就是指平行于 b、c 两个晶轴，在 a 轴截长为 c 的晶面），从而在单晶硅片表面形成类似"金字塔"状的绒面，在电子显示镜下的效果如图 2-10 所示。

$$S_i + 2NaOH + H_2O \Longrightarrow Na_2SiO_3 + 2H_2 \uparrow$$

2）多晶硅：利用硝酸的强氧化性和氢氟酸的络合性，对硅进行氧化和络合剥离，导致硅表面发生各向同性非均匀性腐蚀，从而形成类似"凹陷坑"状的绒面，在电子显微镜下的效果如图 2-11 所示。

$$S_i + HNO_3 \Longrightarrow SiO_2 + NO_x \uparrow + H_2O$$
$$SiO_2 + 6HF \Longrightarrow H_2SiF_6 + 2H_2O$$

图 2-10　电子显微镜下的单晶硅表面绒面效果

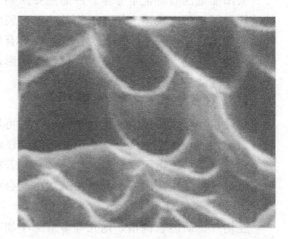

图 2-11　电子显微镜下的多晶硅表面绒面效果

以单晶硅绒面为例，金字塔形角锥体的表面积 S 等于 4 个边长为 a 的正三角形面积之和，可计算得表面积 S 为

$$S = 4S_\triangle = 4 \times \frac{\sqrt{3}}{4} aa = \sqrt{3}\, a^2$$

即绒面表面积比平面提高了 1.732 倍。如图 2-12 所示，光线在表面的多次反射，有效增强了对入射太阳光的利用率，从而提高了光生电流密度，既可获得低的表面反射率，又有利于太阳能电池。

目前在大工业生产中一般采用成本较低的氢氧化钠或氢氧化钾稀溶液（浓度为 1%～2%）来制备绒面，腐蚀温度为 80℃±5℃。另外，为了有效地控制反应速

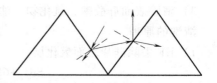

图 2-12　光线在绒面中的多次反射

度和绒面的大小，会添加一定量的异丙醇（IPA）作为缓释剂和络合剂。

理想的绒面效果，应该是金字塔大小均匀，覆盖整个表面，金字塔的高度在 3～5μm 之

间，相邻金字塔之间没有空隙，具有较低的表面反射率，如图 2-13 所示。有效的绒面结构，有助于提高电池的性能。由于入射光在硅片表面的多次反射和折射，增加了光的吸收，其反射率很低，主要体现在短路电流的提高。

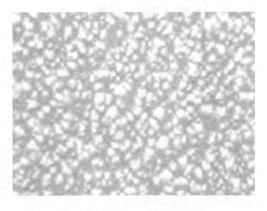

图 2-13　较为理想的绒面效果图

4. 扩散制结

扩散制造 PN 结是太阳能电池生产最基本也是最关键的工序。因为正是 PN 结的形成，才使电子和空穴在流动后不再回到原处，这样就形成了电流，用导线将电流引出，就是直流电。扩散结果直接影响到 PN 结的质量，并对制作太阳能电池的后续印刷及烧结步骤产生影响。

扩散法主要有热扩散法、离子注入法、薄膜生长法、合金法、激光法和高频电注入法等。通常采用热扩散法制结，而热扩散法又分为涂布源扩散、液态源扩散和固态源扩散。以液态源扩散为例，一般采用 $POCl_3$ 液态源作为扩散源。$POCl_3$ 液态源扩散方法具有生产效率较高，得到 PN 结均匀、平整和扩散层表面良好等优点，这对于制作具有大面积结的太阳能电池是非常重要的。$POCl_3$ 液态源扩散原理如下：

$$4POCl_3+5O_2 \Longrightarrow 2P_2O_5+6Cl_2\uparrow$$

$$2P_2O_5+5Si \Longrightarrow 4P+5SiO_2$$

太阳能电池需要一个大面积的 PN 结以实现光能到电能的转换，而扩散炉即为制造太阳能电池 PN 结的专用设备。管式扩散炉主要由石英舟的上下载部分、废气室、炉体和气柜四大部分组成，如图 2-14 所示。

5. 去除背结

在扩散过程中，硅片的背面和周边也形成了 PN 结，为防止短路，需要通过刻蚀将其去除，同时去除正面的磷硅玻璃。常用的刻蚀方法有：

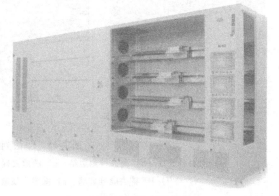

图 2-14　管式扩散炉

（1）湿法刻蚀　湿法刻蚀是将刻蚀材料浸泡在腐蚀液内进行腐蚀的技术，是最普遍、也是设备成本最低的刻蚀方法工艺流程如图 2-15 所示。它是一种纯化学刻蚀，具有良好的选择性，刻蚀完当前薄膜就会停止，而不会损坏下面一层其他材料的薄膜。由于所有的半导体湿法刻蚀都具有各向同性，所以无论是氧化层还是金属层的刻蚀，横向刻蚀的宽度都接近于垂直刻蚀的深度。

湿法刻蚀原理：

$$4HNO_3+3S_i \Longrightarrow 3SiO_2+4NO+2H_2O$$

$$SiO_2+6HF \Longrightarrow H_2[SiF_6]+2H_2O$$

磷硅玻璃：在扩散过程中，$POCl_3$ 分解产生的 P_2O_5 沉积在硅片表面，P_2O_5 与 Si 反应生成 SiO_2 和磷原子。这样就在硅片表面形成一层含有磷元素的 SiO_2，称之为磷硅玻璃。

去磷硅玻璃（PSG）原理：

$$SiO_2 + 4HF = SiF_4 \uparrow + 2H_2O$$

$$SiF_4 + 2HF = H_2[SiF_6]$$

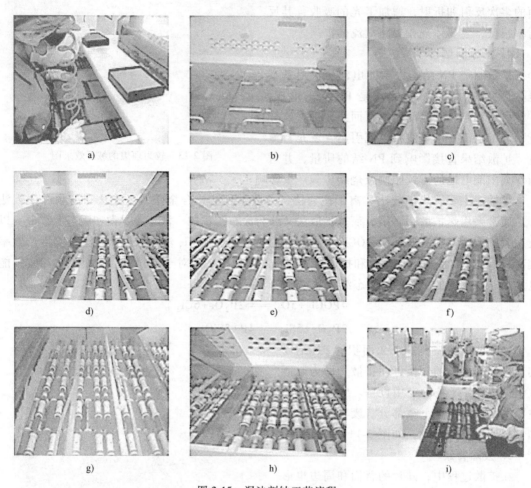

图 2-15　湿法刻蚀工艺流程

a）上料台放片　b）刻蚀槽刻边结　c）洗槽去残液　d）KOH 喷淋去多孔硅　e）洗槽去残液
f）HF 槽去磷硅玻璃　g）洗槽去残液　h）风刀吹干　i）下料台插片

（2）干法刻蚀　干法刻蚀是用等离子体进行薄膜刻蚀的技术。当气体以等离子体形式存在时，它具备两个特点，一方面等离子体中的这些气体化学活性比常态下时要强很多，根据被刻蚀材料的不同，选择合适的气体，就可以更快地与材料进行反应，实现刻蚀去除的目的；另一方面，还可以利用电场对等离子体进行引导和加速，使其具备一定能量，当其轰击被刻蚀物的表面时，会将被刻蚀材料的原子击出，从而达到利用物理上的能量转移来实现刻蚀的目的。因此，干法刻蚀是晶圆片表面物理和化学两种变化过程平衡的结果。

干法刻蚀原理：

1）在低压下，反应气体在射频功率的激发下，产生电离并形成等离子体。等离子体是由带电的电子和离子组成，反应腔体中的气体在电子的撞击下，除了转变成离子外，还能吸收能量并形成大量的活性基团。

2）活性反应基团和被刻蚀物质表面形成化学反应并形成挥发性的反应生成物。

3）反应生成物脱离被刻蚀物质表面，并被真空系统抽出腔体。

湿法刻蚀与干法刻蚀的简单比较：

(1) 湿法刻蚀相对干法刻蚀的优点

1）非扩散面 PN 结刻蚀时被去除。

2）硅片洁净度提高。

3）节水。

(2) 湿法刻蚀相对干法刻蚀的缺点

1）硅片水平运行，易碎。

2）下料吸笔易污染硅片。

3）传动滚轴易变形。

4）成本高。

6. 制备减反射膜

光在硅表面的反射损失率高达 35% 左右。为减少硅表面对光的反射，可在电池正面蒸镀上一层或多层减反射膜。减反射膜不但具有减少光反射的作用，而且对电池表面还可起到钝化和保护的作用。

制备方法：

1）等离子体增强化学气相沉积法（PECVD）。PECVD 是指是借助微波或射频等使含有薄膜组成原子的气体电离，在局部形成等离子体，而等离子体化学活性很强，很容易发生反应，在基片上沉积出所需要的薄膜。

PECVD 的优点是基本温度低、沉积速率快、成膜质量好、针孔较少、不易龟裂。PECVD 技术主要用于制备晶体硅太阳能电池的减反射和钝化膜，电池片边缘的刻蚀，非晶硅薄膜，非晶硅/晶体硅异质结太阳能电池。

2）磁控溅射技术。磁控溅射的基本原理是利用 $Ar-O_2$ 混合气体中的等离子体在电场和交变磁场的作用下，被加速的高能粒子轰击靶材表面，能量交换后，靶材表面的原子脱离原晶格而逸出，转移到基体表面形成膜。

磁控溅射的特点是成膜速率高、基片温度低、膜的粘附性好、可实现大面积镀膜。磁控溅射技术主要用于制备晶体硅太阳能电池的减反射和钝化膜，薄膜电池导电薄膜，薄膜电池电极。

7. 腐蚀周边

硅片四周的扩散层会使上下电极短路，所以必须去除。一般将硅片置于硝酸、氢氟酸组成的腐蚀液中去腐蚀。

8. 制作上、下电极

为了输出电池光电转换所获得的电能，必须在电池上制作正、负两个电极。所谓电极，就是与电池 PN 结形成紧密欧姆接触的导电材料。一般用丝网印刷的方法制作电极，然后再经过烧结工艺，干燥硅片上的浆料，燃尽浆料的有机组分，使浆料和硅片形成良好的欧姆接触。电极与硅基体粘接的牢固程度，是太阳能电池性能的主要指标之一。

丝网印刷是把带有图像或图案的模板附着在丝网上进行印刷的。通常丝网由尼龙、聚酯、丝绸或金属网制作而成。当承印物直接放在带有模板的丝网下面时，丝网印刷油墨或涂料在刮刀的挤压下穿过丝网中间的网孔，印刷到承印物上（刮刀有手动和自动两种）。丝网上的模板把一部分丝网小孔封住，使得颜料不能穿过丝网，而只有图像部分能穿过，因此在承印物上只有图像部位有印迹。换言之，丝网印刷实际上是利用油墨渗透过印版进行印刷的。

丝网印刷的设备如图2-16所示，其中图2-16a为一号印刷机，是印刷背面电极的设备，它主要是在硅片的背面用银浆印刷上背面电极，再经过烘干炉烘干后，将硅片送入下道工序；图2-16b为二号印刷机，主要是在硅片上通过铝浆的印刷形成背面电场，再经过烘干炉烘干后进入下道工序；图2-16c为三号印刷机，在硅片的表面用银浆印上正栅，必须要注意断栅的发生。丝网印刷如图2-17所示。

 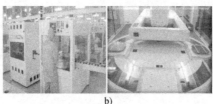 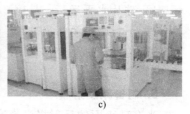

a)   b)   c)

图 2-16 丝网印刷设备

烧结的动力学原理：

1）烧结可看作是原子从系统中不稳定的高能位置迁移至自由能最低位置的过程。厚膜浆料中的固体颗粒系统是高度分散的粉末系统，具有很高的表面自由能。因为系统总是力求达到最低的表面自由能状态，所以在厚膜烧结过程中，粉末系统总的表面自由能必然要降低，这就是厚膜烧结的动力学原理。

2）固体颗粒具有很大的表面积，具有极不规则的复杂表面状态以及在颗粒

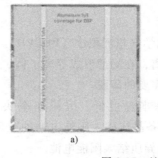 

a)   b)

图 2-17 丝网印刷

a）背面电极及电场图示 b）正面栅线设计

的制造、细化处理等加工过程中，受到机械、化学、热作用所造成的严重结晶缺陷等，系统具有很高的自由能。烧结时，颗粒由接触到结合，自由表面的收缩、空隙的排除，晶体缺陷的消除等都会使系统的自由能降低，使系统转变为热力学中更稳定的状态。这是厚膜粉末系统在高温下能烧结成密实结构的原因。烧结设备如图2-18所示。

烧结的目的：干燥硅片上的浆料，燃尽浆料的有机组分，使浆料和硅片形成良好的欧姆接触。

烧结对电池片的影响：

1）相对于铝浆烧结，银浆的烧结要重要很多，对电池片电性能影响主要表现在串联电阻和并联电阻，即填充因子（FF）的变化。

图 2-18 烧结设备

2）铝浆烧结的目的是使浆料中的有机溶剂完全挥发，并形成完好的铝硅合金和铝层。局部的受热不均和散热不均可能会导致起包，严重的会起铝珠。

3）背面电场经烧结后形成的铝硅合金，铝是作为 P 型杂质掺杂，可以减少金属与硅交界处的少子复合，从而提高开路电压和增加短路电流。

9. 检验测试

经过上述工艺制得的电池，在作为成品电池入库前，需要进行测试，以检验其质量是否合格。在生产中主要测试的是电池的电流—电压特性曲线，由它可以得知电池的光电转换效率、短路电流、开路电压、最大输出功率以及串联电阻等参数。

检测设备是利用模拟太阳光和 Halm 系统检测出每一片太阳能电池的参数，如图 2-19 所示，例如转换效率等一系列参数，我们都可以从显示器上直观地读出来，当检测出太阳能电池的效率后，设备就会自动地按照效率的分类将电池分 24 个档次。

图 2-19　检测设备

2.3　太阳能电池组件

单件太阳能电池片是太阳能电池的最小元件，如图 2-20 所示。太阳能电池组件如图 2-21 所示。

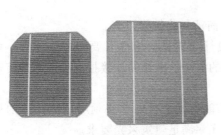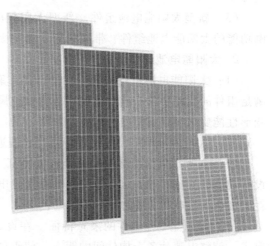

图 2-20　单件太阳能电池片　　　　图 2-21　太阳能电池组件

封装太阳能电池组件的目的：

（1）防止太阳能电池破损　晶体硅太阳能电池易破损的原因是晶体硅呈脆性；硅太阳能电池面积大；硅太阳能电池厚度小。

（2）防止太阳能电池被腐蚀失效　太阳能电池的自然抗性差，长期暴露在空气中会出现效率的衰减；太阳能电池对紫外线的抵抗能力较差；太阳能电池不能抵御冰雹等外力引起的过度机械应力所造成的破坏；太阳能电池表面的金属层容易受到腐蚀；太阳能电池表面堆积灰尘后难以清除。

（3）满足负载要求　串联或并联成一个能够独立作为电源使用的最小单元。由于单件太阳能电池输出功率难以满足常规用电需求，需要将它们串联或者并联后进行供电。

2.3.1　太阳能电池组件的种类和特征

1. 太阳能电池组件的种类

太阳能电池组件可以分为一般的直流输出太阳能电池组件（之前讲过，在此不再描述）、建材一体型太阳能电池组件、采光型太阳能电池组件以及新型太阳能电池组件等。

（1）建材一体型太阳能电池组件　建材一体型太阳能电池组件可分为建材屋顶一体型组件、建材墙壁一体型组件。其中建材屋顶一体型太阳能电池组件是指在屋顶的表面将太阳能电池组件、屋顶的基础部分以及屋顶材料等组合成一体，构成屋顶外层。建材屋顶一体型太阳能电池组件按太阳能电池在建筑物上的安装方式，可以分为可拆卸式、屋顶面板式以及隔热式等；建成墙壁一体型组件适用于高层建筑物，作为壁材、窗材使用的建材墙壁一体型太阳能电池组件可分为玻璃式建材墙壁一体型、金属式建材墙壁一体型等。

（2）采光型太阳能电池组件　从环境保护的观点来看，太阳能发电必须要从政府机关大楼、学校等公共设施向企业、民间设施普及。因此采光型太阳能电池组件是为了适应企业的办公楼、工厂、公共设施等的玻璃窗户的美观需要而设计的。按照其使用特点，采光型太阳能电池组件可以分为结晶硅系组合玻璃采光太阳能电池组件、结晶硅系复合玻璃采光型太阳能电池组件、薄膜系组合玻璃透光型太阳能电池组件和薄膜系复合玻璃透光型太阳能电池组件。

（3）新型太阳能电池组件　新型太阳能电池组件有交流输出太阳能电池组件、内藏蓄电功能的太阳能电池组件、带有融雪功能的太阳能电池组件以及混合型太阳能电池组件等。

2. 太阳能电池组件特征

（1）太阳能电池组件的强度特征　用作幕墙面板和采光顶面的太阳能电池组件不仅要满足组件的性能要求，同时也要满足幕墙抗风压性能、雨水渗漏性能、空气渗透性能及平面变形性能要求和建筑物安全性能要求等。

（2）太阳能电池组件的美观特征　光线通透，简洁与建筑物协调。

（3）太阳能电池组件的安装及传输特征　在设计建筑光伏组件时要考虑电池板、系统设备功能区的分布和安装区的布局。光伏发电产生的电压、电流的连接控制和绝缘、传输损耗等必须满足电学、物理学、电磁学的要求。

（4）太阳能电池组件的采光特征　在设计太阳能电池组件时，必须考虑到室内的采光要求，调整电池片各个构件间的距离，使组件的透光率满足建筑采光要求。

（5）太阳能电池组件的安全特征　要确保太阳能电池组件产品安装后建筑结构的安全，

如结构的承载力、防水、防坠落、防雷、绝缘、节能等要求。

（6）太阳能电池组件的寿命特征　光伏组件虽达不到建筑物 50 年的寿命，但通过更新封装技术可延长组件使用寿命。采用性能优异的连接器能提高防水性能和耐老化性能。

2.3.2　太阳能电池组件的封装结构

平板式太阳能电池组件示意图如图 2-22 所示。

1. 上玻璃盖板

低铁玻璃是覆盖在电池正面的上盖板材料，构成组件的最外层，它既要透光率高，又要坚固、耐风霜雨雪、能经受沙砾冰雹的冲击，起到长期保护电池的作用。

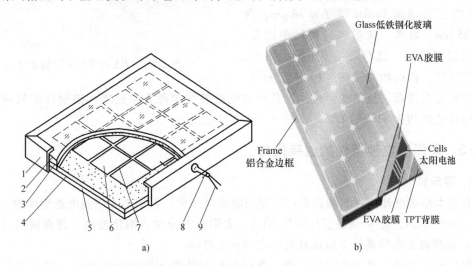

图 2-22　平板式太阳能电池组件示意图

1—边框　2—边框封装胶　3—上玻璃盖板　4—黏结剂　5—下底板
6—硅太阳能电池　7—互连条　8—引线护套　9—电极引线

2. 黏结剂

黏结剂是固定电池和保证与上、下盖板密合的关键材料。

技术要求：

1）在可见光范围内具有高透光性，并抗紫外线老化。

2）具有一定的弹性，可缓冲不同材料间的热胀冷缩。

3）具有良好的电绝缘性能和化学稳定性，不产生有害电池的气体和液体。

4）具有优良的气密性，能阻止外界湿气和其他有害气体对电池的侵蚀。

5）适合用于自动化的组件封装。

常用黏结剂材料有 EVA。它是乙烯和醋酸乙烯酯的共聚物，标准太阳能电池组件中一般要加入两层 EVA 胶膜，在电池片与玻璃、电池片与底板（TPT、PVF、TPE 等）之间起粘接作用，如图 2-23 所示。

以 EVA 为原料，添加适宜的改性助剂等，经加热挤出成型而制得的 EVA 太阳能电池胶膜在常温时无黏性，便于裁切操作；使用时，要按加热固化条件对太阳能电池组件进行层压封装，冷却后即产生永久的黏合密封。因此 EVA 太阳能电池胶膜性能较好，使用较广。

3. 背面材料

组件底板对电池既有保护作用又有支撑作用。对底板的一般要求为：具有良好的耐气候性能，能隔绝从背面进来的潮气和其他有害气体；在层压温度下不起任何变化；与黏结材料结合牢固。常用的底板材料为玻璃、铝合金、有机玻璃以及 PVF（或 TPT）复合膜等。目前生产上较多应用的是 PVF（或 TPT）复合膜。

TPT 复合薄膜 Tedlar 厚度为 38 μm，聚酯为 75 μm。防潮、抗湿和耐候性能优良，红外反射率较高，具有高强、阻燃、耐久、自洁等特性，价格相对较高（10 美元/m^2）。

图 2-23　EVA 胶膜与太阳能电池

TPE 复合薄膜，热塑性弹性体，具有硫化橡胶的物理力学性能和热塑性塑料的工艺加工性能且价格约为 TPT 的 1/2。

2.3.3　太阳能电池组件的封装设备

1. 层压机

目前太阳能电池组件封装设备广泛使用的是层压机，是制造太阳能电池组件的一种重要设备，如图 2-24 所示。通过层压机把 EVA、太阳能电池片、钢化玻璃、背面材料（TPT 等材料）在高温真空的条件下压成具有一定刚性的整体。

层压机从原理上讲为真空热压机，叠层好的组件进入层压机被加热，EVA 熔融，同时抽真空，排出腔室和组件挥发出来的气体，然后加压固化。它的工作过程如下：

上室真空→开盖→放入待压组件→合盖→下室抽空→上室充气（层压）→下室抽气→开盖→取出电池板

2. 全自动装框机

全自动装框机是太阳能光伏组件加工的专用设备，如图 2-25 所示。它主要用于角码铆接式铝合金矩形装框，适用于多种型材，包括有螺钉与无螺钉铝合金边框的组框。它由气缸、直线导轨及钢结构机架组成，功能是组件层压完毕后对组件的铝合金边框进行固定，可以简化作业难度、节约时间、提高产品的质量。组框外形尺寸在设定的范围内通过锁紧齿条定位可以任意调整，通过调节气缸可以进行精度微调，从而满足组框尺寸的要求。

图 2-24　层压机

图 2-25　全自动装框机

2.3.4 太阳能电池组件的封装工艺

封装是太阳能电池生产中的关键步骤，没有良好的封装工艺，多好的电池也生产不出好的组件板。电池的封装不仅可以使电池的寿命得到保证，而且还增强了电池的抗击强度。因此，组件的封装质量非常重要。

太阳能电池组件封装的工艺流程主要包括：

电池片分选——单焊——串焊——叠层——组件层压——修边、装框、接接线盒——组件测试——高压测试——清洗——装箱、入库。

1. 电池片分选

由于电池片制作条件的随机性，生产出来的电池性能也不尽相同，所以为了有效地将性能一致或相近的电池组合在一起，应根据其性能参数进行分类。通过测试电池的输出参数（电流和电压）的大小对其进行分类，这样可提高电池的利用率，做出质量合格的电池组件，如图 2-26 所示。

图 2-26 电池片分选

2. 单焊

单焊是将汇流带焊接到电池正面（负极）的主栅线上，汇流带为镀锡的铜带，焊带的长度约为电池边长的 2 倍，如图 2-27 所示。多出的焊带部分与后面电池片的背面电极相连。

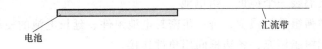

电池   汇流带

图 2-27 电池片单焊

3. 串焊

串焊是将 n 片电池串接在一起形成一个组件串，电池的定位主要靠一个模具板，操作者使用电烙铁和焊锡将单片焊接好的电池正面电极（负极）焊接到后面电池的背面电极（正极）上，这样依次将 n 片串接在一起并在组件串的正负极焊接出引线。单片串焊过程如图2-28 所示。

4. 叠层

背面串接好且经过检验合格后，将组件串、玻璃和切割好的 EVA、背板按照一定的层次敷设好，准备层压。敷设时保证电池串与玻璃等材料的相对位置，调整好电池间的距离，为层压打好基础（敷设层次：由下向上为玻璃、EVA、电池、EVA、玻璃纤维、背板）。层压敷设如图 2-29 所示。

5. 组件层压

将敷设好的电池放入层压机内，通过抽真空将组件内的空气抽出，然后加热使 EVA 熔

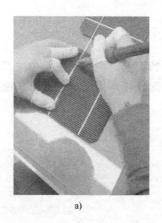
a)

b)

c)

图 2-28　单片串焊

化,将电池、玻璃和背板黏结在一起,最后冷却取出组件。层压工艺是组件生产的关键一步,层压温度、层压时间是根据 EVA 的性质决定的。我们使用快速固化 EVA 方法时,层压循环时间约为 25min,固化温度为 150℃。层压过程如图 2-30 所示。

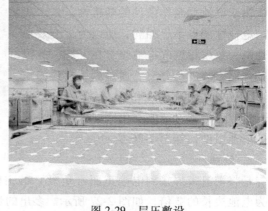

6. 修边

层压时,EVA 熔化后由于压力而向外延伸固化形成毛边,所以层压完毕应将其切除。

7. 装框

装框类似于给玻璃装一个镜框。给电池

图 2-29　层压敷设

组件装铝框,可以增强组件的强度,进一步密封电池组件、延长电池的使用寿命。边框和玻璃组件的缝隙用硅酮树脂填充,各边框间用角键连接。

8. 粘接接线盒

粘接接线盒是指在组件背面引线处粘接一个盒子,有利于电池与其他设备或电池的连接。

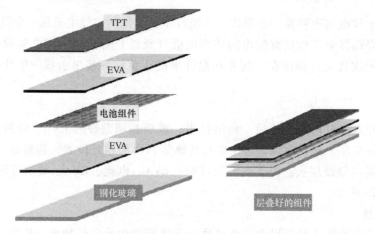

图 2-30　层压过程示意图

9. 组件测试

组件测试的目的是对电池的输出功率进行标定，测试其输出特性，以确定组件的质量等级。

10. 高压测试

高压测试是指在组件边框和电极引线间施加一定电压，测试组件的耐压性和绝缘强度，以保证组件在恶劣的自然条件（雷击等）下不被损坏。

11. 清洗

好的产品不仅有好的质量和好的性能，而且要有好的外观，所以每道工序应保证组件清洁度，铝边框上的毛刺要去掉，确保组件在使用时减少对人体的损伤。

12. 装箱入库

对产品信息的记录和归纳，便于使用以及今后查找和数据调用。

2.4　太阳能电池方阵

2.4.1　太阳能电池方阵的组成

太阳能电池方阵是由若干个太阳能电池组件串、并联连接而排列成的阵列，如图 2-31 所示。

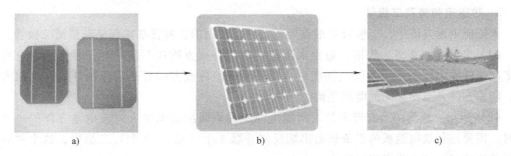

a)　　　　　　　　　　　b)　　　　　　　　　　　c)

图 2-31　太阳能电池方阵的构成

a）太阳能电池单体　b）太阳能电池组件　c）太阳能电池方阵

除太阳能电池组件的串、并联组合外，太阳能电池方阵还需要防逆流二极管、旁路二极管、电缆等对电池组件进行电气连接，并配备专用的、带避雷器的交直流配电箱、汇流箱等。

1. 防"热斑效应"

在太阳能电池方阵中，如发生有阴影（例如树叶、鸟类、鸟粪等）落在某单体电池或一组电池上，或当组件中的某单体电池被损坏时，但组件（或方阵）的其余部分仍处于阳光暴晒之下正常工作，这样局部被遮挡的太阳能电池（或组件）就要由未被遮挡的那部分来提供负载所需的电能，则该部分如同一个工作于反向偏置状态下的二极管，其电阻和压降很大，从而消耗功率而导致发热。由于出现高温，称之为"热斑"。对于高电压大功率方阵，阴影电池上的电压降所产生的热效应甚至能造成封装材料损伤、焊点脱焊、电池破裂或在电池上产生"热斑"，从而引起组件和方阵失效。另外，电池裂纹或不匹配、内部连接失效均会引起这种效应。

串联回路，需要在太阳能电池组件的正负极间并联一个旁路二极管 VD_b，以避免串联回路中光照组件所产生的能量被遮蔽的组件所消耗，如图 2-32a 所示。

并联支路，需要串联一只二极管 VD_s，以避免并联回路中光照组件所产生的能量被遮蔽的组件所吸收，串联二极管在独立光伏发电系统中可同时起到防止蓄电池在夜间反充电的作用，如图 2-32b 所示。

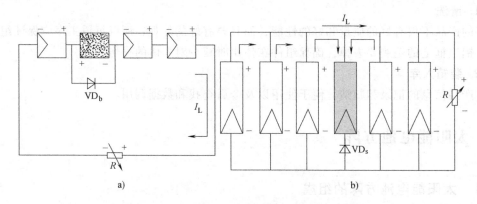

图 2-32　太阳能电池方阵热斑防护效应示意图

a）串联电池组件热斑防护效应　b）并联电池组件热斑防护效应

2. 防逆流和旁路二极管

太阳能电池方阵中，二极管是很重要的器件，常用的二极管基本都是硅整流二极管。

（1）防逆流二极管　作用：防止太阳能电池组件或方阵在不发电时，蓄电池的电流反过来向组件或方阵逆流，不仅消耗能量，而且会使组件或方阵发热甚至损坏；在电池方阵中，防止方阵各支路之间的电流逆流。

（2）旁路二极管　当有较多的太阳能电池组件串联组成电池方阵或电池方阵的一个支路时，需要在每块电池板的正负极输出端反向并联 1 个（或 2~3 个）二极管，这个并联在组件两端的二极管就叫旁路二极管。

3. 汇流箱

在太阳能光伏发电系统中，为了减少太阳能光伏电池阵列与逆变器之间的连线就要使用到汇流箱，其内部示意图如图 2-33 所示。它的主要作用是将太阳能电池组件串的直流电缆，接入后进行汇流，再与并网逆变器或直流防雷配电柜连接，以方便维修和操作。为了提高系统的可靠性和实用性，在光伏防雷汇流箱里配置了光伏专用直流防雷模块直流熔断器和断路器等，方便用户及时准确地掌握光伏电池的工作情况，保证太阳能光伏发电系统发挥最大功效。

4. 直流配电柜

在太阳能光伏发电系统中，直流配电柜用来连接汇流箱与光伏逆变器，并提供防雷及过流保护，监测光伏阵列的单串电流，电压及防雷器状态，断路器状态。

5. 交流配电柜

交流配电柜是在太阳能光伏发电系统中连接在逆变器与交流负载之间的接受、调度和分配电能的电力设备，它的主要功能如下：

1）电能调度。在太阳能光伏发电系统中，往往还要采用光伏/市电互补、光伏/风力互

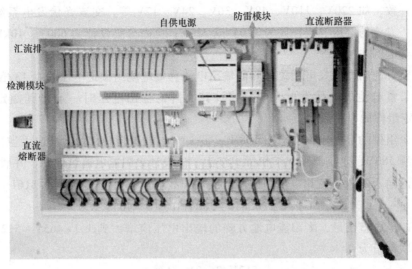

图 2-33 汇流箱内部示意图

补和光伏/柴油机互补等形式作为光伏发电系统发电量不足的补充或者应急使用等，因此交流配电柜需要有适时根据需要对各种电力资源进行调度的功能。

2）电能分配。配电柜要对不同的负载线路设有各自的专用开关进行切换，以控制不同负载和用户的用电量和用电时间。例如，当日照很充足，蓄电池组充满电时，可以向全部用户供电；当阴雨天或蓄电池未充满电时，可以切断部分次要负载和用户，仅向重要负载和用户供电。

3）保证供电安全。配电柜内设有防止线路短路和过载、防止线路漏电和过电压的保护开关和器件，如断路器、熔断器、漏电保护器和过电压继电器等，线路一旦发生故障，能立即切断供电，保证供电线路及人身安全。

4）显示参数和监测故障。配电柜要具有三相或单相交流电压、电流、功率和频率及电能消耗等参数的显示功能，以及故障指示信号灯、声光报警器等装置。

交流配电柜主要由开关类电器（如断路器、切换开关、交流接触器等）、保护类电器（如熔断器、防雷器、漏电保护器等）、测量类电器（如电压表、电流表、电能表、交流互感器等）以及指示灯、母线排等组成。交流配电柜按照负载功率大小，分为大型配电柜和小型配电柜；按照使用场所的不同，分为户内配电柜和户外配电柜；按照电压等级不同，分为低压配电柜和高压配电柜。

2.4.2 太阳能电池方阵的设计

太阳能电池方阵的设计，一般来说，就是按照用户要求和负载的用电量及技术条件计算太阳能电池组件的串、并联数量。太阳能电池方阵的输出功率与组件的串、并联数量有关，组件的串联是为获得需要的电压，组件的并联是为了获得所需要的电流，适当数量的组件经过串、并联后组成所需要的太阳能电池方阵。

方阵所需要串联的组件数量主要由系统工作电压或逆变器的额定电压来确定，同时要考虑蓄电池的浮充电压、线路损耗以及温度变化等因素。

独立光伏系统电压设计为与蓄电池的额定电压相对应或者是它的整数倍，而且与用电器的电压等级一致，如 220V、110V、48V、36V、24V、12V 等。交流光伏发电系统和并网光伏发电系统，方阵的电压等级往往为 110V 或 220V；更高等级设计为 600V、10kV 等，再通过逆变器后与电网连接。

一般带蓄电池的光伏发电系统方阵的输出电压为蓄电池组额定电压的 1.43 倍。

对于不带蓄电池的光伏发电系统，在计算方阵的输出电压时一般将其额定电压提高 10%，再选定组件的串联数量。

例：一个组件的最大输出功率为 108W，最大工作电压为 36.2V，设选用逆变器为交流三相额定电压 380V，逆变器采取三相桥式接法，试设计太阳能电池组件串、并联数量。

解：直流输入电压（三相电压型逆变电路输出线电压有效值为 $U_{uv}=0.816U_d$）

$$U_d = U_{uv}/0.816 = 380V/0.816 \approx 465V$$

再来考虑电压富余量，太阳能电池方阵的输出电压应增大到 $1.1\times465V=512V$，则计算出组件的串联数量为

$$512V/36.2V \approx 14$$

下面再从系统输出功率方面来计算太阳能电池组件的总数。

设负载要求功率是 30kW，则组件总数为

$$30000W/108W \approx 277$$

从而计算出模块并联数量为

$$277/14 \approx 19.8$$

可选取并联数量为 20。

结论：该系统应选择上述功率的组件总数为

$$14\times20 = 280$$

系统输出最大功率为 $280\times108W \approx 30.2kW$。

2.4.3 太阳能电池方阵的安装与维护

平板式地面型太阳能电池方阵被安装在方阵支架上，支架往往被固定在水泥基础上。对于方阵支架和固定支架的基础以及与控制器连接的电缆沟道等的加工与施工，均应按照设计进行。对于太阳能电池方阵的安装与维护应注意以下几点：

1）太阳能电池方阵支架要防锈（支架的金属表面，应镀锌或镀铝或涂防锈漆）、安装要方便、强度要高，还要用材省、造价低。太阳能电池方阵支架应选用钢材或铝合金制造，其强度应经得起狂风和暴雨。太阳能电池方阵支架的连接件包括组件和支架的连接件、支架与螺栓的连接件等，都应该用电镀钢材或不锈钢材制造。

2）太阳能电池方阵在安装时也要考虑当地纬度和日照资源等因素，也可设计成按照季节变化以手动方式调整太阳能电池方阵的向日倾斜角和方位角，以便更充分地接受太阳辐射能，增加发电量。

3）太阳能电池方阵应安装在周围没有高建筑物、树木、电杆等遮挡太阳光的场所，避免在光伏组件光收集面上产生阴影。

4）太阳能电池方阵应注意采光面应经常保持清洁；输出连接要注意正、负极性；定期检测、及时排除故障、防止蓄电池老化等问题。

习　题

一、名词解释

填充因子、转换效率、载流子、PN 结、太阳能电池组件

二、简答题

1. 简述太阳能电池转换率不可能达到 100%的原因。

2. 简述太阳能电池的特点。

3. 简述太阳能电池的分类。

4. 简述光伏发电原理过程。

5. 简述太阳能电池片形成的工艺流程。

6. 简述太阳能电池组件形成的工艺流程。

三、计算题

某地建设一座移动通信基站的太阳能光伏发电系统，该系统采用直流负载，负载工作电压 48V，用电量为每天 150A·h，该地区最低光照辐射是 1 月份，其倾斜面峰值日照时数是 3.5h，选定 125W 太阳能电池组件，其主要参数为：峰值功率 125W，峰值工作电压 34.2V，峰值工作电流 3.65A，计算太阳能电池组件使用数量及太阳能电池方阵的组合设计（设电池组件损耗系数为 0.9，蓄电池的充电效率为 0.9）。

第3章 ◀◀◀◀◀◀

储能单元

储能单元是太阳能光伏发电系统不可缺少的部件，其主要功能是存储光伏发电系统的电能，并在日照量不足、夜间以及应急状态时给负载供电。目前太阳能光伏发电系统中，常用的储能电池及器件有铅酸蓄电池、镍镉蓄电池、锂离子蓄电池、镍氢蓄电池及超级电容器等，它们分别应用于太阳能光伏发电的不同场合或产品中。由于性能及成本的原因，目前应用较多、使用较广泛的还是铅酸蓄电池。

太阳能光伏发电系统对储能部件的基本要求是：自放电率低；使用寿命长；深放电能力强；充电效率高；少维护或免维护；工作温度范围宽；价格低廉。

3.1 蓄电池的基本知识

蓄电池作为太阳能光伏发电系统中的储能装置，从以下三个方面可以提高系统供电质量。

1）剩余能量的存储及备用。当日照充足时，储能装置将系统发出的多余电能存储，在夜间或阴雨天将能量输出，解决了发电与用电不一致的问题。

2）保证系统稳定功率输出。各种用电设备的工作时段和功率大小都有各自的变化规律，欲使太阳能与用电负载自然配合是不可能的。利用储能装置，如蓄电池的储能空间和良好的充电与放电性能，可以起到光伏发电系统功率和能量的调节作用。

3）提高电能质量和可靠性。光伏系统中的一些负载（如水泵、割草机和制冷机等），虽然容量不大，但在启动和运行过程中会产生浪涌电流和冲击电流。在光伏组件无法提供较大电流时，利用蓄电池储能装置的低电阻及良好的动态特性，可适应上述感性负载对电源的要求。

目前，太阳能光伏离网系统使用的蓄电池主要有铅酸蓄电池、镍镉蓄电池、镍氢蓄电池和锂电池等。铅酸蓄电池可靠性强，可提供高脉冲电流，价格便宜。镍镉电池自放电损失小，耐过充放电能力强，但价格较贵。考虑到蓄电池的使用条件和价格，大部分太阳能离网光伏系统会选择铅酸蓄电池。近年来推出的阀控式密封铅酸蓄电池（VRLA）、胶体铅酸蓄电池和免维护蓄电池已被广泛采用。

3.1.1 铅酸蓄电池

铅酸蓄电池是目前光伏发电系统最常用的储能部件，如图3-1所示，主要特点是采用稀硫酸做电解液，用二氧化铅和绒状铅分别作为电池的正极和负极的一种酸性蓄电池。

1. 铅酸蓄电池的结构

铅酸蓄电池一般由3个或6个单格电池串联而成，结构如图3-2所示。

图3-1 铅酸蓄电池实物图

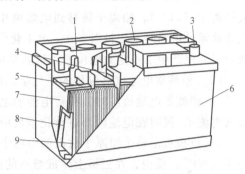

图3-2 铅酸蓄电池结构图

1—负极柱 2—加液孔盖 3—正极柱 4—穿壁连接
5—汇流条 6—外壳 7—负极板 8—隔板 9—正极板

2. 铅酸蓄电池的分类

1）普通蓄电池。蓄电池的极板是由铅和铅的氧化物构成，电解液是硫酸的水溶液。它的主要优点是电压稳定、价格便宜；缺点是比能（即每千克蓄电池存储的电能）低、使用寿命短且日常维护频繁。

2）干荷蓄电池。全称为干式荷电铅酸蓄电池，它的主要特点是负极板有较高的储电能力，在完全干燥状态下，能在两年内保存所得到的电量。使用时，只需加入电解液，过20~30min就可使用。

3）免维护蓄电池。由于自身结构上的优势，电解液的消耗量非常小，在使用寿命内基本不需要补充蒸馏水；同时还具有耐振、耐高温、体积小、自放电小的特点。使用寿命一般为普通蓄电池的两倍。市场上的免维护蓄电池有两种，第一种在购买时一次性加电解液以后使用中不再需要维护（添加补充液）；另一种是电池本身出厂时就已经加好电解液并密封，用户根本就不能加补充液。

3. 铅酸蓄电池工作原理

铅酸蓄电池由两组极板插入稀硫酸溶液中构成。电极在完成充电后，正极板为二氧化铅，负极板为绒状铅。

铅酸蓄电池在充电和放电过程中的可逆反应理论比较复杂，目前公认的是"双硫酸化理论"。该理论的含义为铅酸蓄电池在放电后，两电极的有效物质和硫酸发生作用，均转变为硫酸化合物——硫酸铅；当充电后，又恢复为原来的铅和二氧化铅。其充放电化学反应式为

正极活性物质　电解液　　　　负极活性物质　　　　　正极生成物　电解液生成物　负极生成物
　　⇓　　　　　⇓　　　　　　　⇓　　　　　　　　　　⇓　　　　　　⇓　　　　　⇓

$$PbO_2 + 2H_2SO_4 + Pb \underset{(充电)}{\overset{(放电)}{\rightleftharpoons}} PbSO_4 + 2H_2O + PbSO_4$$

（1）铅酸蓄电池电动势的产生

1）铅酸蓄电池充电后，正极板是二氧化铅（PbO_2），在硫酸溶液中水分子的作用下，

少量二氧化铅与水生成可离解的不稳定物质——氢氧化铅（$Pb(OH)_2$），氢氧根离子在溶液中，铅离子（Pb^{4+}）留在正极板上，故正极板上缺少电子。

2）铅酸蓄电池充电后，负极板的铅（Pb）与电解液中的硫酸（H_2SO_4）发生反应，变成铅离子（Pb^{2+}），铅离子转移到电解液中，负极板上留下多余的两个电子（$2e^-$）。可见，在未接通外电路时（电池开路），由于化学作用，正极板上缺少电子，负极板上多余电子，两极板间就产生了一定的电位差，这就是电池的电动势。

（2）铅酸蓄电池放电过程的电化学反应

1）铅酸蓄电池放电时，在蓄电池的电位差作用下，负极板上的电子经负载进入正极板形成电流 I，同时在电池内部进行化学反应。

2）负极板上每个铅原子放出两个电子后，生成的铅离子（Pb^{2+}）与电解液中的硫酸根离子（SO_4^{2-}）反应，在极板上生成难溶的硫酸铅（$PbSO_4$）。

3）正极板的铅离子（Pb^{4+}）得到来自负极的两个电子（$2e^-$）后，变成二价铅离子（Pb^{2+}）与电解液中的硫酸根离子（SO_4^{2-}）反应，在极板上生成难溶的硫酸铅（$PbSO_4$）。正极板水解出的氧离子（O^{2-}）与电解液中的氢离子（H^+）反应，生成稳定物质水。

4）电解液中存在的硫酸根离子和氢离子在电场的作用下分别移向电池的正负极，在电池内部形成电流，整个回路形成，蓄电池向外持续放电。

5）放电时 H_2SO_4 浓度不断下降，正负极上的硫酸铅（$PbSO_4$）增加，电池内阻增大（硫酸铅不导电），电解液浓度下降，电池电动势降低。

6）化学反应式为

$$PbO_2 + 2H_2SO_4 + Pb \Longleftrightarrow PbSO_4 + 2H_2O + PbSO_4$$

（3）铅酸蓄电池充电过程的电化学反应

1）充电时，应外接直流电源（充电极或整流器），使正、负极板在放电后生成的物质恢复成原来的活性物质，并把外界的电能转变为化学能储存起来。

2）在正极板上，在外界电流的作用下，硫酸铅被离解为二价铅离子（Pb^{2+}）和硫酸根负离子（SO_4^{2-}），由于外电源不断从正极吸取电子，则正极板附近游离的二价铅离子（Pb^{2+}）不断放出两个电子来补充，变成四价铅离子（Pb^{4+}），并与水继续反应，最终在正极板上生成二氧化铅（PbO_2）。

3）在负极板上，在外界电流的作用下，硫酸铅被离解为二价铅离子（Pb^{2+}）和硫酸根负离子（SO_4^{2-}），由于负极不断从外电源获得电子，则负极板附近游离的二价铅离子（Pb^{2+}）被还原为铅（Pb），并以绒状铅附在负极板上。

4）电解液中，正极不断产生游离的氢离子（H^+）和硫酸根离子（SO_4^{2-}），负极不断产生硫酸根离子（SO_4^{2-}），在电场的作用下，氢离子向负极移动，硫酸根离子向正极移动，形成电流。

5）充电后期，在外电流的作用下，溶液中还会发生水的电解反应。

6）化学反应式为

$$PbSO_4 + 2H_2O + PbSO_4 \Longrightarrow PbO_2 + 2H_2SO_4 + Pb$$

（4）铅酸蓄电池充放电特性

铅酸蓄电池的充电特性如图 3-3 所示。

从铅酸蓄电池的充电特性曲线中，可以看出铅酸蓄电池充电过程大致可以分为三部分。第一部分为曲线 AB 段，蓄电池从很低的电压开始充电，在这一阶段，随着充电的进行，蓄电池两端电压随着电量的增加而不断升高；第二部分为 BC 段，在这一充电阶段，蓄电池两端的电压随着电量的增加平稳而缓慢地升高；第三部分为 CD 段，在这一阶段，铅酸蓄电池的电压随着蓄电池电量的增加而急剧升高，此时继续大电流充电就会对铅酸蓄电池造成不可逆的损坏，应该以小电流进行充电，保护蓄电池不受损坏同时又可以保证铅酸蓄电池电量达到额定容量。

铅酸蓄电池的放电特性如图 3-4 所示。

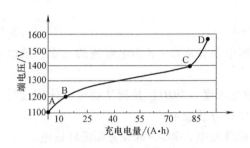 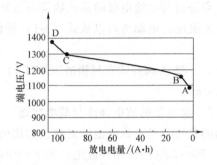

图 3-3 铅酸蓄电池的充电特性曲线　　　　图 3-4 铅酸蓄电池的放电特性曲线

从放电特性曲线中可以看出，放电过程和充电过程基本上是一个相反的过程，放电过程同样可以分为三部分。第一部分 DC 段，在此过程中蓄电池两端电压随着蓄电池的放电而快速下降，当到达 C 处时第一阶段基本结束；第二部分为 CB 阶段，在此过程中随着铅酸蓄电池容量的不断下降，蓄电池两端的电压平稳而缓慢的降低，蓄电池放电过程中主要工作在这一阶段；第三部分为 BA 阶段，此时铅酸蓄电池两端的电压随着蓄电池容量的降低而急剧减小，此时若不加以控制会对蓄电池产生放电过程中的不可逆损坏，因此需要进行低压保护。综合以上铅酸蓄电池的充放电特性曲线，可以将铅酸蓄电池的保护重点归结为两部分：充电过程中的 CD 阶段的过充保护和放电过程中 BA 段过放保护。

（5）铅酸蓄电池常用技术术语

1）蓄电池的电压。蓄电池每单格的额定电压为 2V，实际电压随充放电的情况而变化。充电结束时，电压为 2.5~2.7V，以后慢慢地降至 2.05V 左右的稳定状态。

如用蓄电池做电源，开始放电时电压很快降至 2V 左右，以后缓慢下降，保持在 1.9~2.0V 之间。当放电接近结束时，电压很快降到 1.7V；当电压低于 1.7V 时，便不应再放电，否则会损坏极板。停止使用后，蓄电池电压能回升到 1.98V。

2）蓄电池的容量。处于完全充电状态下的铅酸蓄电池在一定的放电条件下，放电到规定的终止电压时所能给出的电量称为电池容量，用符号 C 表示。常用单位是安时（A·h）。通常在 C 的下角处标明放电时率，如 C_{10} 表明是 10h 的放电容量。电池容量分为实际容量和额定容量。实际容量是指电池在一定放电条件下所能输出的电量。额定容量（标称容量）是按照国家或有关部门颁布的标准，在电池设计时要求电池在一定的放电条件下（如在25℃环境下以 10h 的放电时率电流放电到终止电压），应该放出的最低限度的电量值。

3）放电速率。放电速率简称放电率，常用时率和倍率表示。时率是以放电时间表示放电速率，是指在一定的放电条件下，蓄电池放电到终止电压时间的长短。倍率是指蓄电池放电电流的数值为额定容量数值的倍数。根据 IEC 标准，放电时率有 20h、10h、5h、3h、1h、0.5h 等。蓄电池的放电倍率越高，放电电流越大，放电时间就越短，放出的相应容量越少。

4）比能量。它指电池单位质量或单位体积所能输出的电能，单位分别为 W·h/kg 或 W·h/L。比能量是综合性的指标，它反映蓄电池的质量水平，常用来比较不同厂家生产的蓄电池，对太阳能光伏发电系统设计非常重要。

（6）铅酸蓄电池的性能参数

1）蓄电池的电动势（E）。蓄电池的电动势在数值上等于蓄电池达到稳定时的开路电压，它是由蓄电池电极的活性物质与电解质的电化学特性决定的。

蓄电池的电动势可以从式（3-1）近似得出。

$$E = 0.85 + d \qquad (3\text{-}1)$$

式中，0.85 为阀控式密封铅酸（VRLA）蓄电池的电动势常数；d 为电解液的比重，单位采用 g/cm³。

2）蓄电池的放电深度与荷电状态。蓄电池放电深度（DOD）是指从蓄电池使用过程中放出的有效容量占该电池额定容量的比值，通常以百分数表示。

17%～25% 为浅循环放电；30%～50% 为中等循环放电；60%～80% 为深循环放电。

光伏发电系统中，DOD 一般为 30%～80%。

蓄电池的荷电状态（SOC），其表达式为

$$SOC = \frac{C_r}{C_t} \times 100\% = 1 - DOD \qquad (3\text{-}2)$$

式中，C_r、C_t 分别为某时刻蓄电池的剩余电量和总电量。

3）蓄电池内阻。

电池内阻有欧姆内阻和极化内阻两部分：

欧姆内阻主要由电极材料、隔膜、电解液、接线柱等构成，与电池尺寸、结构及装配有关。

极化内阻是由电化学极化和浓差极化引起的，是电池放电或充电过程中两电极进行化学反应时极化产生的内阻。极化内阻除与电池制造工艺、电极结构及活性物质有关外，还与电池工作电流大小和温度等因素有关。

电池内阻严重影响电池工作电压、工作电流和输出能量，因而内阻越小的电池性能越好。电池内阻不是常数，在充放电过程中会随时间不断变化，因为活性物质组成、电解液浓度和温度都在不断变化。

（7）铅酸蓄电池的型号

根据 JB/T 2599—2012 标准的有关规定，蓄电池名称的命名是根据其主要用途、结构特征确定的，通常分为三段表示，如图 3-5 所示，第一段为数字，表示串联的单体蓄电池数。（每一个单体蓄电池的额定电压为 2V，当单体蓄电池串联数量（格数）为 1 时，第一段可省略，6V、12V 蓄电池分别用 3 和 6 表示）；第二段为 2～4 个汉语拼音字母，表示蓄电池用途、结构特征代号；第三段表示电池的额定容量。

例如：6QA-120 表示有 6 个单体电池串联，额定

图 3-5　铅酸蓄电池的名称组成

电压为 12V，动力用蓄电池，装有干荷电式极板，20h 放电时率，额定容量为 120A·h。GFM-800 表示为 1 个单体电池，额定电压为 2V，固定式阀控密封型蓄电池，20h 放电时率，额定容量为 800A·h。6-GFMJ-120 表示有 6 个单体电池串联，额定电压为 12V，固定式阀控密封型胶体蓄电池，20h 放电时率，额定容量为 120A·h。

3.1.2 镍镉电池

目前我国用于光伏发电系统的蓄电池除了铅酸蓄电池，还有用于高寒户外系统的镍镉电池。在小型的太阳能草坪灯和便携式太阳能供电系统大都使用镍镉电池，如图 3-6 所示。镍镉电池（Ni-Cd）是最早应用于手机、笔记本电脑等设备的电池种类，它具有良好的耐过充放电能力、维护简单。

1. 镍镉蓄电池的工作原理

镍镉蓄电池的正极材料为氢氧化亚镍和石墨粉的混合物，负极材料为海绵状镉粉和氧化镉粉，电解液通常为氢氧化钠或氢氧化钾溶液。当环境温度较高时，使用密度为 1.17~1.19g/ml（15℃时）的氢氧化钠溶液；当环境温度较低时，使用密度为 1.19~1.21g/ml（15℃时）的氢氧化钾溶液；当环境温度在 -15℃ 以下时，使用密度为

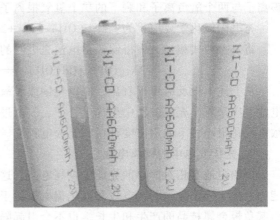

图 3-6 镍镉电池

1.25~1.27g/ml（15℃时）的氢氧化钾溶液。为兼顾低温性能和荷电保持能力，密封镍镉蓄电池采用密度为 1.40g/ml（15℃时）的氢氧化钾溶液。为了增加蓄电池的容量和循环寿命，通常在电解液中加入少量的氢氧化锂（大约每升电解液加 15~20g）。

镍镉蓄电池充电后，正极板上的活性物质变为氢氧化镍（Ni(OH)$_2$），负极板上的活性物质变为金属镉；镍镉电池放电后，正极板上的活性物质变为氢氧化亚镍，负极板上的活性物质变为氢氧化镉。

（1）放电过程中的电化学反应

1）负极反应。负极上的金属镉失去两个电子后变成二价镉离子（Cd^{2+}），然后立即与溶液中的两个氢氧根离子（OH$^-$）结合生成氢氧化镉（Cd(OH)$_2$），沉积到负极板上。

放电负极化学反应式为：$Cd-2e^- +2OH^- \longrightarrow Cd(OH)_2$

2）正极反应。正极板上的活性物质是氢氧化镍（Ni(OH)$_2$）晶体。起初镍离子为正三价离子（Ni^{3+}），晶格中每两个镍离子可从外电路获得负极转移出的两个电子，生成两个二价离子（2Ni^{2+}）。与此同时，溶液中每两个水分子电离出的两个氢离子进入正极板，与晶格上的两个氧负离子结合，生成两个氢氧根离子，然后与晶格上原有的两个氢氧根离子一起，与两个二价镍离子生成两个氢氧化亚镍晶体。

放电正极化学反应式为：$2NiOOH+2H_2O+2e^- \longrightarrow 2Ni(OH)_2+2OH^-$

将以上两式相加，即得镍镉蓄电池放电时的总反应：

放电时化学反应式为：$2NiOOH+Cd+2H_2O \Longrightarrow 2Ni(OH)_2+Cd(OH)_2$

（2）充电过程中的化学反应

　　充电时，将蓄电池的正、负极分别与充电机的正极和负极相连，电池内部发生与放电时完全相反的电化学反应，即负极发生还原反应，正极发生氧化反应。

　　1）负极反应。充电时负极板上的氢氧化镉，先电离成镉离子和氢氧根离子，然后镉离子从外电路获得电子，生成镉原子附着在极板上，而氢氧根离子进入溶液参与正极反应。

　　充电负极化学反应式：$Cd(OH)_2 + 2e^- \longrightarrow Cd + 2OH^-$

　　2）正极反应。在外电源的作用下，正极板上的氢氧化亚镍晶格中，两个二价镍离子均失去一个电子生成三价镍离子，同时，晶格中两个氢氧根离子均释放出一个氢离子，将氧负离子留在晶格上，释出的氢离子与溶液中的氢氧根离子结合，生成水分子。然后，两个三价镍离子与两个氧负离子和剩下的二个氢氧根离子结合，生成两个氢氧化镍晶体：

　　充电阳极化学反应式为：$2Ni(OH)_2 - 2e^- + 2OH^- \longrightarrow 2NiOOH + 2H_2O$

　　将以上两式相加，即得镍镉蓄电池充电时的电化学反应：

$$2Ni(OH)_2 + Cd(OH)_2 \Longrightarrow Cd + 2NiOOH + 2H_2O$$

　　从上述电极反应可以看出，氢氧化钠或氢氧化钾并不直接参与反应，只起导电作用。从电池反应来看，充电过程中生成水分子，放电过程中消耗水分子，因此充放电过程中电解液浓度变化很小，不能用密度计检测充放电程度。

　　2. 光伏发电中的镍镉电池

　　镍镉电池有相对简单的充放电控制电路，这是因为镍镉电池都有比较强的耐过充、过放能力。由于镍镉电池的镉电极和氧化镍电极属于不溶性电极，因此镍镉电池不会因过充电而引起负极金属枝晶的产生和生长，也不会引起隔膜的破坏而造成电池内部短路。镍镉电池都具有一定的耐过放能力，能够完全放电，在完全放电（终止电压10~11V）深循环下，也有很好的寿命，因此镍镉电池应用于太阳能草坪灯等小型光伏系统中，只需要为系统设计合适的太阳能电池板容量，而不需要过充、过放保护电路，这可以使系统成本降低。

　　镍镉电池都具有较好的低温放电特性，镍氢电池即使在-20℃环境温度下，采用大电流（以1C电池放电速率放电，放电速率是指所用的容量1小时放电完毕，表示放电的快慢）放电，放出的电量也能达到额定容量的85%以上，因此在高寒地带使用的光伏系统一般使用镍镉电池代替铅酸蓄电池。然而，镍镉电池在高温（40℃以上）时，蓄电容量将下降，同时高的环境温度也影响镍镉电池充电效率，若在40℃以上充电，充电效率会大大降低，过高的充电温度也会引起电池漏液和性能降低。镍镉/镍氢电池在10~30℃的环境下充电时，具有最佳的充电效果。

　　3. 镍镉电池（Nickel-Cadmium Batteries）的优点

　　1）镍镉电池可重复500次以上的充放电，非常的经济实惠。

　　2）内阻小，可供大电流的放电，当它放电时电压的变化很小，作为直流电源是一种质量极佳的电池。

　　3）因为采用完全密封式，因此不会有电解液漏出的现象，也完全不需要补充电解液。

　　4）与其他种类电池相比，镍镉电池可耐过充电或过放电，操作简单方便。

　　5）因为采用金属容器制成，较为坚固。

3.1.3　锂电池

　　锂电池分为一次锂电池和二次锂电池。一次锂电池是以锂金属为正极，MnO_2等材料为负极；二次锂电池（又称为锂离子电池）是以锂离子和炭材料为正极，MnO_2等为负极。锂离子电池可作为光伏发电系统中的储能电池，如图3-7所示。

1992年Sony公司成功开发了锂离子电池。它的实用性，使人们的移动电话、笔记本电脑等便携式电子设备重量和体积

图3-7 锂离子电池

大大减小，使用时间大大延长。由于锂离子电池中不含有重金属镉，与镍镉电池相比，大大减少了对环境的污染。

锂离子电池由于工作电压高、体积小、质量轻、能量高、无记忆效应、无污染、自放电小、循环寿命长等特点，成为21世纪发展的理想能源。

1. 锂离子电池的结构原理

锂离子电池作为一种化学电源，正极材料通常由锂元素的活性化合物组成，负极则是特殊分子结构的石墨，常见的正极材料主要成分为$LiCoO_2$。充电时，加在电池两极的电动势迫使正极的化合物释放出锂离子，穿过隔膜进入负极分子排列呈片层结构的石墨中。放电时，锂离子则从片层结构的石墨中脱离出来，穿过隔膜重新和正极的化合物结合，随着充放电的进行，锂离子不断地在正极和负极中分离与结合，锂离子的移动产生了电流。锂离子电池具有高容量、质量轻、无记忆等优点，但其主要缺点是价格昂贵。

2. 锂离子电池的性能特点

锂离子电池具有优异的性能，其主要特点如下。

1）工作电压高。锂离子电池单体电压高达3.7V，约是镍镉电池、镍氢电池的3倍，铅酸电池的2倍。这也是锂电池比能量大的一个原因，因此组成相同容量（相同电压）的电池组时，锂电池使用的串联数目会大大少于铅酸、镍氢电池，使得电池能够保持很好的一致性，并且寿命更长。例如：36V的锂电池只需要10个电池单体，而36V的铅酸电池需要18个电池单体，即3个12V的电池组，每只12V的铅酸电池内由6个2V单格组成。

2）比能量大。锂离子电池的比能量是镍氢电池的2倍，是铅酸蓄电池的4倍，因此重量是同等容量的铅酸蓄电池的1/4。

3）体积小。锂离子电池的体积比高达500，体积约是同等容量铅酸蓄电池的1/3。

4）锂离子电池的循环寿命长，循环次数可达2000次。

5）工作温度范围宽。锂离子电池可在-20~60℃之间工作，尤其适合低温使用。

6）无记忆效应。锂离子电池因为没有记忆效应，所以不用像镍镉电池一样需要在充电前放电，它可以随时随地进行充电。

3. 锂电池的应用

高性能的电池对新能源产业的发展至关重要。锂离子电池相对于铅酸、镍氢电池具有比能量高、循环寿命长的优点。目前锂离子电池根据正极材料的不同又可以分为两类，一类为钴酸锂、镍钴锰酸锂和锰酸锂电池，这类电池的电压为4V左右，比能量可以达到140~150W·h/kg，但是电池的安全性较差，这是由正极材料本身的化学性质决定的，只适合作为小容量电池使用；另一类为磷酸铁锂电池，电池的电压为3.2V，比能量稍低于前一类电池，但是这种电池的突出优点是安全性好、循环寿命长、成本低、环境兼容性好，因此非常

适合作为各类新能源电动车辆和新能源储能用电源。

3.2 蓄电池的一般设计知识

3.2.1 基本概念

首先，需要引入一个不可缺少的参数，即自给天数，是指系统在没有任何外来能源的情况下负载仍能正常工作的天数。这个参数决定系统所需使用的蓄电池容量大小。

一般来讲，自给天数的确定与两个因素有关：一是负载对电源的要求程度；二是光伏系统安装地点的气象条件，即最大连续阴雨天数。通常可以将光伏系统安装地点的最大连续阴雨天数作为系统设计中使用的自给天数，但还要综合考虑负载对电源的要求。对于负载对电源要求不是很严格的光伏应用系统，自给天数通常取 3~5 天；对于电源要求很严格的光伏应用系统，自给天数通常取 7~14 天。所谓负载对电源要求不严格的系统通常是指用户可以稍微调节一下负载需求从而适应恶劣天气带来的不便，而严格系统是指用电负载比较重要，例如常用于通信、导航或者重要的健康设施如医院、诊所等。此外还要考虑光伏系统的安装地点，如果在很偏远的地区，必须设计较大的蓄电池容量，因为维护人员要到达现场需要花费很长时间。

光伏系统中使用的蓄电池有镍氢、镍镉和铅酸蓄电池。在较大的系统中考虑到技术成熟性和成本等因素，通常使用铅酸蓄电池。在下面内容中涉及蓄电池没有特别说明时指的都是铅酸蓄电池。

3.2.2 基本公式

1. 计算蓄电池容量的基本方法

第一步，将每天负载需要的用电量乘以根据实际情况确定的自给天数就可以得到初步的蓄电池容量。

第二步，将第一步得到的蓄电池容量除以蓄电池的最大允许放电深度。因为不能让蓄电池在自给天数中完全放电。最大允许放电深度的选择需要参考光伏系统中蓄电池的性能参数，可以从蓄电池供应商处得到详细的有关该蓄电池最大允许放电深度的资料。通常情况下，如果使用的是深循环型蓄电池，推荐使用 80% 放电深度；如果使用的是浅循环型蓄电池，推荐使用 50%。设计蓄电池容量的基本公式见式（3-3）。

$$蓄电池容量 = \frac{自给天数 \times 日平均负载}{最大允许放电深度} \qquad (3-3)$$

2. 确定蓄电池串并联的基本方法

每个蓄电池都有它的额定电压。为了达到负载工作的额定电压，将蓄电池串联起来给负载供电，需要串联的蓄电池的个数等于负载的额定电压与蓄电池的额定电压的比值，见式（3-4）。

$$串联蓄电池数 = \frac{负载额定电压}{蓄电池额定电压} \qquad (3-4)$$

确定了蓄电池容量之后，便可确定蓄电池组的并联数，见式（3-5）。

$$并联蓄电池数 = \frac{蓄电池的总容量}{单个蓄电池的容量} \tag{3-5}$$

例：一个小型的交流光伏系统负载的耗电量为 10kW·h/天，如果在该光伏系统中，选择使用的逆变器的效率为 90%，输入电压为 24V，那么可得所需的直流负载需求为 462.96A·h/天（10000W·h÷0.9÷24V=462.96A·h）。假设这是一个负载对电源要求并不是很严格的系统，使用者可以比较灵活的根据天气情况调整用电，则选择 5 天的自给天数，并使用深循环型电池，放电深度为 80%，则：

$$蓄电池容量 = 5 天 \times 462.96A·h/0.8 = 2893.51A·h$$

如果选用 2V/400A·h 的单体蓄电池，那么串联的电池数 = 24V/2V = 12（个）需要并联的蓄电池数 = 2893.51/400 = 7.23 个，取整数为 8。所以该系统需要使用 2V/400A·h 的蓄电池个数为 12×8 = 96 个。

下面是一个纯直流光伏系统的例子：乡村小屋的光伏供电系统，该小屋只是在周末使用，可以使用低成本的浅循环型蓄电池以降低系统成本。负载的耗电量为 90A·h/天，系统电压为 24V。选择自给天数为 2 天，蓄电池允许的最大放电深度为 50%，则

$$蓄电池容量 = 2 天 \times 90A·h/天/0.5 = 360A·h$$

如果选用 12V/100A·h 的蓄电池，那么需要该蓄电池 2×4 = 8 个。

3.2.3 完整的蓄电池容量设计计算

蓄电池的容量对于保证连续供电是很重要的。在一年内，方阵发电量各月份有很大差别。方阵的发电量在不能满足用电需要的月份，要靠蓄电池的电能给予补给；在超过用电需要的月份，是靠蓄电池将多余的电能储存起来，所以方阵发电量的不足和过剩值，是确定蓄电池容量的依据之一。同样，连续阴雨天期间的负载用电也必须从蓄电池取得，所以，这期间的耗电量也是确定蓄电池容量的因素之一。蓄电池的容量 C 计算公式见式（3-6）：

$$C = AQ_L N_L T_0 / DOD \tag{3-6}$$

式中，A 为安全系数，取 1.1~1.4 之间；Q_L 为负载日平均耗电量，为工作电流乘以日工作小时数；N_L 为最长连续阴雨天数；T_0 为温度修正系数，一般在 0℃ 以上取 1，-10℃ 以上取 1.1，-10℃ 以下取 1.2；DOD 为蓄电池放电深度，一般铅酸蓄电池取 0.75，碱性镍镉蓄电池取 0.85。

3.2.4 太阳能电池方阵设计

1. 太阳能电池组件串联数量 N_s

太阳能电池组件按一定数目串联起来，就可获得所需要的工作电压，但太阳能电池组件的串联数量必须适当。串联数量太少，串联电压低于蓄电池浮充电压，方阵就不能对蓄电池充电；串联数量太多，使输出电压远高于浮充电压，则充电电流也不会有明显的增加。因此，只有当太阳能电池组件的串联电压等于合适的浮充电压时，才能达到最佳的充电状态。

$$N_S = U_R / U_{oc} = (U_f + U_D + U_c)/U_{oc} \tag{3-7}$$

式中，U_R 为太阳能电池方阵输出最小电压；U_{oc} 为太阳能电池组件的最佳工作电压；U_f 为蓄电池浮充电压；U_D 为二极管压降，一般取 0.7V；U_c 为其他因素引起的压降。

电池的浮充电压和所选的蓄电池参数有关，应等于在最低温度下所选蓄电池单体的最大

工作电压乘以串联的电池数。

2. 太阳能电池组件并联数量 N_P

在确定 N_P 之前，我们先确定其相关量的计算方法。

1）将太阳能电池方阵安装地点的太阳能日辐射量 H_t，转换成在标准光强下的平均日辐射时数 H。

$$H = H_t \times 2.778/10000 \tag{3-8}$$

式中，2.778/10000 为将日辐射量换算为标准光强（1000W/m²）下的平均日辐射时数的系数。

2）太阳能电池组件日发电量 Q_p。

$$Q_p = I_{oc} H K_{op} C_z \tag{3-9}$$

式中，I_{oc} 为太阳能电池组件最佳工作电流；K_{op} 为斜面修正系数；C_z 为修正系数，主要为组合、衰减、灰尘、充电效率等的损失，一般取 0.8。

3）两组最长连续阴雨天之间的最短间隔天数 N_w，主要考虑要在此段时间内将亏损的蓄电池电量补充起来，需补充的蓄电池容量 C 为

$$C = A Q_L N_L \tag{3-10}$$

综上所述，太阳能电池组件并联数量 N_p 的计算方法为：

$$N_P = (C + N_w Q_L)/Q_p N_w \tag{3-11}$$

并联的太阳能电池组组数，在两组连续阴雨天之间的最短间隔天数内所发的电量，不仅供负载使用，还需补足蓄电池在最长连续阴雨天内所亏损电量。

3. 太阳能电池方阵的功率计算

根据太阳能电池组件的串、并联数量，即可得出所需太阳能电池方阵的功率 P：

$$P = P_0 N_S N_P$$

式中，P_0 为太阳能电池组件的额定功率。

例：某地面卫星接收站，负载电压为 12V，功率为 25W，每天工作 24h，最长连续阴雨天为 15 天，两最长连续阴雨天最短间隔天数为 30 天。太阳能电池采用云南半导体器件厂生产的 38D975×400 型组件，组件标准功率为 38W，工作电压 17.1V，工作电流 2.22A。蓄电池采用铅酸免维护蓄电池，浮充电压为（14±1）V。其水平面的年平均日辐射量为 12110kJ/m²，K_{op} 值为 0.885，最佳倾角为 16.13°，计算太阳能电池方阵功率及蓄电池容量。

1）蓄电池容量 C

$$C = A Q_L N_L T_0/DOD = 1.2 \times (25/12) \times 24 \times 15 \times 1 \div 0.75 \text{A} \cdot \text{h} = 1200 \text{A} \cdot \text{h}$$

2）太阳能电池方阵功率 P

因为

$$N_S = U_R/U_{oc} = (U_f + U_D + U_c)/U_{oc} = (14 + 0.7 + 1)/17.1 = 0.92 \approx 1$$

太阳能电池每天发电量：

$$Q_p = I_{oc} H K_{op} C_z = 2.22 \times 12110 \times (2.778/10000) \times 0.885 \times 0.8 \text{A} \cdot \text{h} \approx 5.29 \text{A} \cdot \text{h}$$

需补充的蓄电池容量 $C = A Q_L N_L = 1.2 \times (25/12) \times 24 \times 15 \text{A} \cdot \text{h} = 900 \text{A} \cdot \text{h}$

系统每天耗电量：$Q_L = (25/12) \times 24 \text{A} \cdot \text{h} = 50 \text{A} \cdot \text{h}$

$$N_P = (C + N_w Q_L)/Q_p N_w = (900 + 30 \times 50)/(5.29 \times 30) \approx 15$$

故太阳能电池方阵功率为

$$P = P_O N_S N_P = 38 \times 1 \times 15\text{W} = 570\text{W}$$

该地面卫星接收站需配置太阳能电池方阵功率为 570W，蓄电池容量为 1200A·h。

3.3 光伏系统使用蓄电池的选型、使用和维护

3.3.1 蓄电池的选型

蓄电池的选型

近年来，基于太阳能电池的光伏发电技术得到了世界各国的高度重视。从欧美的太阳能光伏"屋顶计划"到我国的西部光伏发电项目，太阳能光伏发电已经显示出其强劲的发展势头。随着光伏发电技术的发展和低成本光伏组件的产业化，太阳能灯具、光伏电站和光伏户用电源，均要求蓄电池供应商能够提供全天候运行的蓄电池。

目前，我国用于光伏发电站系统的蓄电池除有少量用于高寒户外系统时采用镍镉电池外，大多数是铅酸蓄电池外。在小型的太阳能草坪灯和便携式太阳能供电系统中使用镍镉或镍氢蓄电池的情况比较多，锂电池由于成本以及对充放电控制要求较高的原因，目前在太阳能光伏系统中应用还很少。因此光伏发电系统中的蓄电池的选型主要指铅酸蓄电池的选型。

衡量铅酸蓄电池性能的参数主要有冷起动电流、储备容量以及 20h 放电容量等指标。它们都要求在特定的条件下检测，其中冷起动电流是在满足 SAE J537 试验条件下评测的结果，即蓄电池在气温 −18℃ 时短时间内可输出的最大电流值；储备容量指蓄电池充电系统失效时，可提供给机器正常工作的最短时间，即新充满的蓄电池以一固定的放电电流（25A）放电达到终止电压的持续时间；20h 放电容量表示蓄电池在 27℃ 以下气温时，在 20h 内可放出的电量。

判断蓄电池性能优劣，不能单独以某一个参数指标来衡量，而应当综合考虑多个参数，尤其不能忽视冷起动电流指标。

因此在选型时只考虑储备容量而忽视了对冷起动电流的要求，很可能因起动电流不够而导致发动机起动失败。蓄电池的储备容量也不是越大越好，应以放电深度为 50%~70% 时充一次电为最佳状态，这样可使蓄电池寿命达到最佳效果。如果蓄电池的储备容量选择太大，就无法实现充分的充放电转换，时间一长，蓄电池的性能和使用寿命就会下降，同时带来极大的资源浪费。

由于目前我国光伏发电系统多采用阀控式密封铅酸蓄电池（以下简称铅酸蓄电池，缩写为 VRLA）。其中铅酸蓄电池受温度影响较大，按阿里纽斯原理，当温度大于 40℃，每升高 10℃，寿命降低一半，寿命终止的主要原因是硫酸电解液干涸、热失控和内部短路等。

根据光伏系统用蓄电池的工作条件以及对光伏系统用蓄电池性能的特殊要求，结合上述影响蓄电池寿命的因素，在原 VRLA 的基础上进行了一系列的研究和技术改进，设计开发了光伏系统专用 VRLA，具体改进措施包含以下几方面：

1）板栅合金：采用了适合的并可以循环使用的铅锑或者铅镉板栅合金，既能防止极板在使用过程中腐蚀加剧，又可消除板栅和活性物质界面上的阻挡层，杜绝了早期容量衰减，其充电效率和深放电后的恢复性能都很理想。由于镉为有毒元素，目前限制使用。由于铅锑合金电池，失水严重，一般做成开口式蓄电池需要定期补水以及定期人员维护。

2）板栅结构：采用了特殊的板栅结构，可防止因板栅增长而导致蓄电池损坏，并增加了板栅的厚度，以延长蓄电池的使用寿命。常用管式正极板栅设计，有效解决了活性与板栅之间接触不良的问题。

3）装配压力：提高了电池的装配压力，即提高蓄电池的循环使用寿命。采用了高强度紧装配技术，确保蓄电池紧装配压力得以实现。

4）电解液：降低了硫酸电解液的比重，并添加了特殊的电解液添加剂，可以降低对极板的腐蚀，减少电解液分层，提高了电池的充电接受能力和过放电性能。

3.3.2 蓄电池的使用和维护

1. 光伏发电系统中蓄电池的使用

光伏系统中蓄电池的工作条件和应用于其他场合蓄电池的工作条件不同。蓄电池在使用时应注意以下几点：

1）蓄电池应远离热源和易产生火花的地方，其安全距离应大于 0.5m。

2）电池应避免阳光直射，不能置于存在大量放射性物质、红外线辐射、紫外线辐射、有机溶剂气体和腐蚀气体的环境中。

3）同容量、不同性能的蓄电池不能互连使用，安装末端连接件或接通电池系统前，应认真检查电池系统的总电压和正、负极，并确保安装正确。

4）蓄电池与充电器或负载连接时，电路开关应位于"断开"位置，并保证连接正确，即蓄电池的正极与充电器的正极连接，负极与充电器的负极连接。发现蓄电池储电不足时，换上充满电的蓄电池，然后再起动负载。禁止把储电不足的蓄电池与充足电量的蓄电池并联混用，这样不但影响蓄电池寿命，而且不利于负载的正常工作。

5）杜绝短路，防止损坏蓄电池。拆装蓄电池时，要避免将能够导电的工具等物体放在蓄电池上，造成短路；注意不完整的线路，不要将电线随意乱搭，以免造成短路；对破损的电线要及时用绝缘胶包好。

6）定期检查蓄电池电解液的液面高度，使其保持在蓄电池外壳上标示的规定范围之内，避免因电解液不足而影响蓄电池的使用寿命。检查期限一般控制在冬季每半个月检查一次，夏季每周检查一次。当发现液面不足时，应及时添加蒸馏水。这里需要说明的是当发现电解液不足时，要注意区分是因蓄电池壳体破损或其他原因造成电解液泄漏，还是正常损耗，以便采取恰当的措施。

2. 光伏发电系统中的蓄电池的维护

1）保持蓄电池的清洁，及时擦干溢出的电解液、沾染的泥土和灰尘等；极桩和接线夹头要保持清洁和接触良好，并涂凡士林或黄油，防止氧化。

2）保持加液孔盖上通气孔的畅通，并定期疏通，防止被异物堵塞。

3）根据季节和地区的变化及时调整电解液的密度，冬季可加入适量的密度为 $1.40g/cm^3$ 的电解液，以调高电解液的密度（一般比夏季高 $0.02\sim0.04g/cm^3$ 为宜）。冬季向蓄电池内补加蒸馏水时，必须在蓄电池充电前进行，以免水和电解液混合不均而引起结冰。

4）冬季蓄电池应经常保持在充足电量的状态，以防电解液密度降低而结冰，引起外壳破裂、极板弯曲和活性物质脱落等故障。

5）充电保护功能：控制器必须有恒压充电的充电保护功能。控制器厂家通常都把充电电压设置在 14.5~15V，实际上，这种设置是不合理的。12V 蓄电池的充电电压达到 14.4V 后，电池内部水分解就会明显加剧，如果继续高压充电容易造成蓄电池的失水或失控，严重影响电池寿命。储能电池充电时的充电电流都比较小，14.4V 的恒定充电电压已经基本可以满足电池的充电需求，建议充电电压恒定在 14.4V 会比较理想。

6）欠电压保护功能：蓄电池电压低于欠电压保护值时，如果继续放电，易造成蓄电池损坏，所以建议欠电压保护值的标准为 11.2V。

3.4 超级电容器

超级电容器是一种新兴的储能器件，具有数万次以上的充放电循环寿命和完全免维护、高可靠性等特点。超级电容器（Super capacitor 或 Ultra capacitor），又称为双电层电容、电化学电容器、黄金电容器、法拉电容器等，如图 3-8 所示。

超级电容器的性能介于普通电容器和蓄电池之间，通过极化电解质来储能。它是一种电化学元件，但在其储能的过程中并不发生化学反应，这种储能过程是可逆的，也正因为这样，超级电容器可以反复充放电数十万次。它具有功率密度大、容量大、使用寿命长、经济环保等优点。

超级电容器是基于双电层原理的电容器，如图 3-9 所示，当外加电压加到超级电容器的两个极板上时，与普通电容器一样，极板的正电极存储正电荷，负极板存储负电荷。在超级电容器的两极板上电荷产生的电场作用下，电解液与电极间的界面上形成相反的电荷，以平衡电解液的内电场，这种正电荷与负电荷在两个不同相之间的接触面上，以正负电荷之间极短间隙排列在相反的位置上，这个电荷分布层称为双电层，因此电容量非常大。

图 3-8 超级电容器

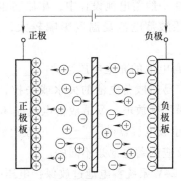

图 3-9 超级电容原理示意图

当两极板间电动势低于电解液的氧化还原电极电位时，电解液界面上电荷不会脱离电解液，超级电容器为正常工作状态（通常为 3V 以下），如电容器两端电动势超过电解液的氧化还原电极电位时，电解液将分解，为非正常状态。随着超级电容器放电，正、负极板上的电荷被外电路泄放，电解液的界面上的电荷便会相应减少。由此可以看出，超级电容器的充放电过程始终是物理过程，没有化学反应，因此性能稳定，与利用化学反应的蓄电池是不同的。

比较超级电容器和蓄电池，超级电容器的优点是：

1）能够进行快速充、放电。

2）循环寿命长。

3）环境温度对正常使用影响不大，可以在-35~75℃温度范围正常工作，比普通蓄电池更能适应恶劣的环境条件。但是目前超级电容器在电能储存方面与普通蓄电池还有一定的差距，其比能量只有铅酸蓄电池的1/10左右，这也限制了现阶段超级电容器在太阳能光伏系统中的应用。

在具体应用开发上，国内供应商已经开始在各自擅长的领域取得具体应用成果。在小功率应用超级电容器方面，部分公司的产品已经应用到太阳能高速公路指示灯、玩具车和微机后备电源等领域。

习　题

一、填空题

1. 常用的储能电池及器件有_____、_____、_____和超级电容器等，它们分别应用于太阳能光伏发电的不同场合或产品中。

2. 铅酸蓄电池的分类_____、_____、_____。

3. 铅酸蓄电池单体的额定电压为_____V。实际上，电池的端电压随充电和放电的过程而变化。

4. GFM-800表示为_____个单体电池，标称电压为2V，定式阀控密封型蓄电池，20h放电率额定容量为_____A·h。

5. 若36V的铅酸电池需要18个电池单体，则36V的锂电池只需要_____个电池单体。

6. 在一般蓄电池设计中，串联蓄电池个数等于_____和_____之比。

7. 铅酸蓄电池受温度影响较大，寿命终止的主要原因是硫酸电解液干涸、_____和_____。

8. 蓄电池的充电电压达到_____V后，电池内部水分解就会明显加剧，如果继续高压充电容易造成蓄电池的失水或失控，严重影响电池寿命。蓄电池电压低于欠电压保护值时，如果继续放电，易造成蓄电池损坏，所以欠电压保护值建议标准为_____V。

9. 超级电容器的_____过程始终是物理过程，没有化学反应，因此性能稳定，与利用化学反应的蓄电池是不同的。

10. 24V系统蓄电池过放保护电压一般设定在_____V。

11. 12V蓄电池过放保护的关断恢复电压一般设定为_____V。

二、选择题

1. 在太阳能光伏发电系统中，最常使用的储能元件是（　　）。

A. 锂离子电池　　　　　　　　B. 镍铬电池

C. 铅酸蓄电池　　　　　　　　D. 碱性蓄电池

2. 蓄电池的容量就是蓄电池的蓄电能力，符号为 C，通常用以下哪个单位来表征蓄电池容量（　　）。

A. 安培　　　　　　　　　　　B. 伏特

C. 瓦特　　　　　　　　　　　D. 安时

3. 在太阳能电池外电路接上负载后，负载中便有电流流过，该电流称为太阳能电池的（   ）。

    A. 短路电流   B. 开路电流

    C. 工作电流   D. 最大电流

4. 一个独立光伏系统，已知系统电压 48V，蓄电池的额定电压为 9V，那么需串联的蓄电池数量为（   ）。

    A. 3   B. 4

    C. 5   D. 6

5. 某无人值守彩色电视差转站所用太阳能电源，其电压为 24V，每天发射时间为 15h，功耗 20W；其余 9h 为接收等候时间，功耗为 5W，则负载每天耗电量为（   ）。

    A. 25A·h   B. 15A·h

    C. 12.5A·h   D. 14.4A·h

6. 24V 系统蓄电池过放保护电压一般设定在（   ）。

    A. 22V   B. 11V

    C. 44V   D. 28V

7. 24V 蓄电池过放保护的关断恢复电压一般设定为（   ）。

    A. 12V   B. 25V

    C. 48V   D. 28V

三、简答题

1. 简述太阳能光伏发电系统对蓄电池的基本要求。

2. 蓄电池在光伏发电系统中起什么作用？

3. 根据铅酸蓄电池的组成结构，说明蓄电池的充、放电原理。

4. 说明蓄电池的充、放电特性。

5. 什么是蓄电池的放电深度和荷电状态？

6. 请简述超级电容器的工作原理。

四、计算题

1. 一只 12V、20A·h 的蓄电池，外接 60Ω 的用电器工作了 10h，求剩余的容量（略去蓄电池自身损耗）。

2. 若某地区太阳能路灯采用光伏发电系统，本地区太阳能路灯日的耗电量为 20kW·h，如果在该光伏发电系统中，我们选择使用的逆变器的效率为 80%，输入电压为 36V，其蓄电池储存的电能可连用 4 天，并使用深循环型电池，放电深度为 80%。试求需要串、并联蓄电池的个数。（采用的铅酸蓄电池的型号为 6QA-600）

3. 广州某气象监测站监测设备，工作电压 24V，功率 55W，每天工作 18h，当地最大连续阴雨天数为 15 天，两段最大连续阴雨天之间的最短间隔天数为 32 天。选用深循环放电型蓄电池，选用峰值功率为 50W 的太阳能电池组件，其峰值电压 17.3V，峰值电流 2.89A，计算蓄电池组容量及太阳能电池方阵功率。

第4章 ◄◄◄◄◄◄

控 制 器

在光伏发电系统中，通过太阳能电池将太阳辐射转化为电能时容易受到天气和其他因素的影响，太阳能电池输出电流并不稳定，直接提供给负载使用将影响其稳定性，甚至会导致负载不能使用以及烧毁等情况。因此在离网光伏发电系统、并网光伏发电系统以及光伏-风力混合发电系统中，需要配置储能装置（蓄电池）、控制器等。光伏控制器是光伏发电系统中非常重要的组件，其性能直接到整个系统的寿命，特别是蓄电池组的使用寿命。光伏控制器应该具有以下功能：

1）防止蓄电池过充、放电，延长蓄电池使用寿命。

2）防止太阳能电池方阵、蓄电池极性接反。

3）防止负载、控制器、逆变器和其他设备内部短路。

4）具有防雷电的击穿保护。

5）具有温度补偿的功能。

6）光伏系统工作状态显示，包括：蓄电池荷电状态 SOC 显示和蓄电池端电压显示、负载状态（耗量等）、太阳能电池方阵工作状态（显示充电电压、充电电流、充电量等）、辅助电源工作状态、环境状态（太阳辐射能、温度、风速等）、故障报警等。

离网光伏发电系统，不论系统大小，几乎都要用到控制器。有时光伏发电系统可将控制器和逆变器合二为一。

以离网家用光伏控制器为例，外形如图 4-1 所示。

图 4-1　离网家用光伏控制器外形图

4.1 控制器的工作原理

在不同的系统，例如太阳能电站和太阳能草坪灯用的控制器，虽然复杂程度有所差异，但其基本原理是一样的。最基本的光伏控制电路的工作原理图如图 4-2 所示，该电路由太阳能电池组件、蓄电池、控制器和负载组成。开关 S1 和 S2 分别为充电控制开关和放电控制开关，当开关 S1 闭合时，由太阳能电池组件通过控制器给蓄电池充电，当蓄电池出现过充电时，S1 能及时切断充电回路，使太阳能电池组件停止向蓄电池供电，S1 还能按预先设定的保护模式自动恢复对蓄电池的充电。当开关 S2 闭合时，由蓄电池向负载供电，当蓄电池出现过放电时，S2 能及时切断放电回路，蓄电池停止向负载供电，当蓄电池再次充电并达到预先设定的恢复充电点时，S2 又能自动恢复供电，S1 和 S2 可以由各种开关元件组成，如小功率晶体管、功率场效应晶体管（MOSFET）、绝缘栅双极型晶体管（IGBT）等电子式开关、继电器、交直流接触器等机械式开关。根据不同的系统要求选用不同的开关器件。

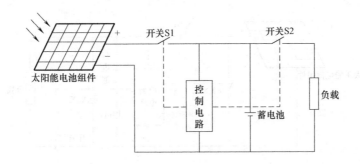

图 4-2 光伏控制器基本原理图

图 4-2 中的控制电路是光伏控制器的核心，它可以是由晶体管、电阻、电容、电感组成电压比较充放电电路，应用在太阳能草坪灯上；也可以采用集成运放构成电压滞回比较器电路来充当控制核心，应用在太阳能路灯或移动电源上；或者是采用单片机作为控制电路核心，对开关 S1 和 S2 进行控制。各种太阳能光伏电站（如离网型、并网型、混合型），其控制器的核心就采用单片机或者数字信号处理（DSP）芯片，甚至是工业控制计算机等。

实际的光伏应用系统中，小系统和消费类电子产品中由集中运放和分立元件构成的控制电路比较多；中小系统采用集成运放构成的电压比较器电路和单片机控制电路比较多；大系统（如各种光伏电站）中 DSP 芯片的优势比较明显，DSP 芯片的处理能力强、速度快，在最大功率点跟踪（Maximum Power Point Tracking，MPPT）中更具优势。

4.2 控制器的分类

光伏控制器按电路方式的不同主要分为并联型、串联型、脉宽调制型和多路型等。

1. 并联型控制器

并联型控制器又称为旁路型控制器，它是利用并联在光伏方阵两端的机械或电子开关器件控制充电过程。当蓄电池充满电时，把光伏方阵的输出分流到旁路电阻器或功率模块上，然后以热量的形式消耗掉。当蓄电池的电压回落到一定值时，再断开旁路恢复充电。因为这种方式消耗热能，所以一般用于小型的低功率系统，例如 12V/20A 以内的系统。该电路具有线路简单、价格便宜、充电回路损耗小、控制器效率高等优点，但是在过充电保护动作时，由于开关器件 S1 要承受太阳能电池输出的最大电流，因此要选用功率较大的开关器件。

并联型控制器电路原理如图 4-3 所示。其中 VD1 为防逆流二极管，只有当太阳能电池方阵输出电压大于蓄电池电压时，VD1 才能导通，反之 VD1 截止，从而保证夜晚或阴雨天气时不会出现蓄电池向太阳能电池方阵反向放电，起到反向放电保护作用。

当控制电路检测到蓄电池的端电压超过蓄电池设定的充满断开电压值时，开关 S1 闭合，同时 VD1 截止，使得太阳能电池方阵的输出电流直接通过 S1 短路泄放，不再对蓄电池进行充电，从而保证蓄电池不会出现过充电，起到蓄电池过充电保护作用。

开关 S2 为蓄电池放电控制开关，当控制电路检测到蓄电池的供电电压小于过放电保护电压值时，S2 断开，对蓄电池进行过放电保护。当负载因过载或短路使电流大于额定电流时，S2 也会断开，起到输出过载或短路保护作用。

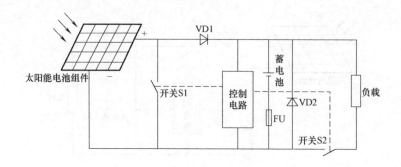

图 4-3　并联型控制器电路原理

VD2 为防反接二极管，当蓄电池极性接反时，VD2 导通，蓄电池将通过 VD2 短路放电，短路电流快速将 FU 熔断器熔体熔断，起到蓄电池反接保护作用。

2. 串联型控制器

串联型控制器是利用串联在充电回路中的机械或电子开关器件控制充电过程。开关器件串接在太阳能电池方阵和蓄电池之间，当蓄电池充满电时，开关器件断开充电回路，停止为蓄电池充电；当蓄电池电压回落到一定值时，充电电路再次接通，继续为蓄电池充电。开关器件还可以在夜间切断太阳能电池供电，取代防逆流二极管。串联型控制器同样具有结构简单、价格便宜等优点，但由于开关器件串联在充电回路中，电压降损失较大，充电效率相对较低。

串联型控制器电路原理如图 4-4 所示。电路结构与并联型控制器的电路结构相似，区别仅仅在于开关器件 S1 接法不同，将 S1 由并联在太阳能电池输出端改为串联在充电回路中。当控制电路检测到蓄电池电压超过蓄电池设定的充满断开电压值时，S1 断开，使太阳能电池不再对蓄电池进行充电，起到蓄电池过充电保护作用。

其他元件的作用和并联型控制器相同，不再重复描述了。

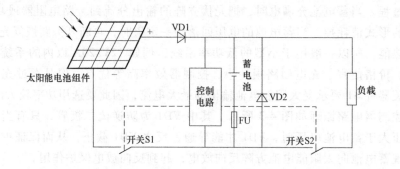

图 4-4　串联型控制器电路原理

3. 脉宽调制型控制器

脉宽调制型（PWM）控制器电路原理如图4-5所示。该控制器以脉冲方式控制光伏组件的输入，PWM控制电路输出一组脉宽调制脉冲，控制开关的闭合时间，达到控制充电电流的目的。当蓄电池逐渐充满电时，随着其端电压的逐渐升高，脉冲宽度变宽，使开关的闭合时间延长，充电电流逐渐减小。当蓄电池的电压下降时，脉冲宽度变窄，使开关的闭合时间缩小，充电电流逐渐增大。

与串联和并联型控制器相比，脉宽调制控制器虽然没有固定的过充电电压断开点和恢复点，但是充电电流的瞬时变化更符合蓄电池的充电需求，能够增加光伏系统的充电效率，延长蓄电池的使用寿命。此外，脉宽调制型控制器还可以实现光伏系统的最大功率跟踪功能，但缺点是控制器自身有4%~8%的功率损耗。

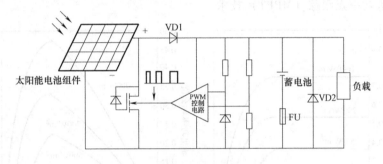

图 4-5　脉宽调制型控制器电路原理

4. 多路型控制器

多路型控制器一般用于千瓦级的大功率光伏发电系统中，将太阳能电池方阵分成多个支路接入控制器，电路原理如图4-6所示。图中各支路的二极管起防止反向充电的作用，A1和A2分别是充电电流表和放电电流表，V为蓄电池电压表。

当蓄电池充满电时控制电路顺序断开各电池方阵支路。当第一支路断开后，如果蓄电池电压已经低于设定值，则直到蓄电池电压再次上升到设定值后，控制电路再断开第二支路；如果蓄电池电压不再上升到设定值，那么其他支路保持接通充电状态。当蓄电池电压低于恢复点电压时，被断开的太阳能电池方阵各支路依次顺序接通。与PWM控制器相比，多路型控制器可以达到类似的效果，电路却更为简单、可靠。但如果路数过多，成本相应也会增加。因此在确定太阳能电池方阵路数时，需要综合考虑控制效果和控制器的成本。

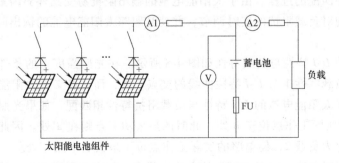

图 4-6　多路型控制器电路原理

5. 最大功率跟踪型控制器

由第 2 章可知，太阳能电池的利用率除了与电池的内部特性有关外，还受光照强度、环境温度和负载等情况的影响。太阳能电池的 $U\text{-}I$ 和 $P\text{-}U$ 特性如图 4-7 所示。显然，太阳能电池由于受外界环境温度、辐射度等因素的影响，具有典型的非线性特征。在一定的外界条件下，太阳能电池可以工作在不同的输出电压下，但只有在某一输出电压值时，太阳能电池的输出功率才能达到最大功率值。这时太阳能电池的工作点就达到了输出功率曲线的最高点，称为最大功率点（Maximum Power Point，MPP），图 4-7 中用圆黑点所示，图中四条曲线分别表示在不同的辐射度（300～1000W/m²）时的 $U\text{-}I$ 和 $P\text{-}U$ 曲线。因此，在光伏发电系统中，要想提高系统的效率，应当实时调整太阳能电池的工作点，使之始终工作在最大功率点附近，最大限度地将光能转化为电能。利用控制方法实现太阳能电池以最大功率输出运行的技术被称为最大功率点跟踪（MPPT）技术。

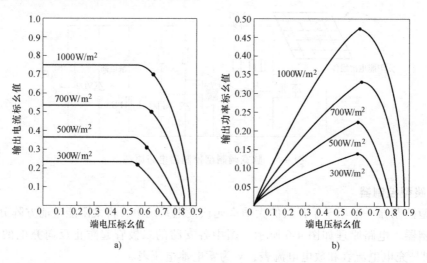

图 4-7　太阳能电池输出特性曲线
a）$U\text{-}I$ 特性　b）$P\text{-}U$ 特性

MPPT 控制器的目的是将太阳能电池阵列产生的最大直流电能及时地尽可能多地提供给负载，使光伏发电系统的利用效率尽可能高。理论上，当太阳能电池的输出阻抗和负载阻抗相等时，太阳能电池的输出功率最大。可见，MPPT 的过程实质上就是使太阳能电池的输出阻抗和负载阻抗相匹配的过程。由于太阳能电池的输出阻抗易受到外界因素的影响，如果能通过控制方法实现对负载阻抗的实时调节，并使其跟踪太阳能电池的输出阻抗，就可以实现MPPT 控制。

太阳能电池的 $U\text{-}I$ 特性与负载特性如图 4-8 所示。在光照强度 1 的条件下，电路的实际工作点正好位于负载特性 1 与 $U\text{-}I$ 特性曲线的交点 a 处，而 a 点又是太阳能电池的最大功率点，那么这个时候太阳能电池的 $U\text{-}I$ 特性与负载阻抗特性相匹配。如果光照强度 1 变化为光照强度 2，电路的实际工作点位于 b 处，此时的最大功率点则在 a′ 处。因此，需要调节负载阻抗由负载 1 变化为负载 2，使电路的实际工作点位于最大功率点 a′ 处。

（1）MPPT 控制方法　实现 MPPT 的方法有很多，如定电压跟踪法、扰动观测法、电导增量法和模糊逻辑控制等。

1）定电压跟踪法。当温度相同时，太阳能电池的开路电压几乎不变，而短路电流、最大输出功率则有所上升，可见光照强度变化主要影响太阳能电池的输出电流，当光照强度相同时，随着温度的增加，太阳能电池的短路电流几乎不变，而开路电压、最大输出功率则有所下降，可见温度变化时主要影响太阳能电池的输出电压。

从图4-8中可以看出，当光照强度大于一定值且温度变换不大时，太阳能电池的最大功率点基本在一根垂直线的两侧附近。定电压跟踪（Constant Voltage Tracking，CVT）控制思路是将太阳能电池的输出电压控制在其MPP附近上的某一个恒定电压处，这样太阳能电池在整个工作过程中将近似工作在最大功率点处。

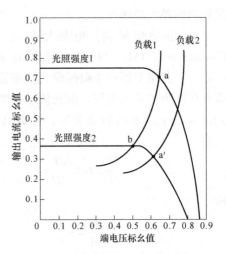

图4-8 太阳能电池的 U-I 特性与负载特性

CVT实际上是一种开环的MPPT算法，控制简单、稳定性较高、易于实现，但这种方法没有考虑到温度对光伏阵列开路输出电压的影响，一般硅光伏阵列的开路电压都会受到PN结温度的影响。在同样的光照强度下，最大功率点还会受到温度的影响，对于那些一年四季或者每天温差较大的地区，如果仍然采用CVT控制策略，光伏系统的输出功率将会偏离最大功率点，从而产生较大的功率损失。

虽然CVT难以准确实现MPPT，但其具有控制简单并快速接近MPP的优点，因此CVT常与其他闭环MPPT方法组合使用。在光伏发电系统启动过程中先采用CVT使工作点电压快速接近到MPP处，然后再采用其他闭环的MPPT算法进一步搜索MPP。这样可以有效降低启动过程中在远离MPP区域搜索所造成功率损耗。此外，CVT也可用于控制要求不高的简单系统中。

2）扰动观测法。扰动观测法（Perturbation and Observation method，P&O）是目前实现MPPT最常用的方法之一。其基本原理是：先让太阳能电池按照某一电压值输出，测量输出功率，然后在这个电压基础上给一个电压扰动，再测量输出功率，比较两次测得的输出功率值，如果功率值增加了，则继续给相同方向的扰动，如果功率值减小了，则给相反方向的扰动，最终使太阳能电池工作于最大功率点。

这种控制方法优点在于控制电路简单、算法简明、易于实现，但是响应速度很慢，只适用于光照强度变化非常缓慢的场合。同时，在追踪到最大功率点附近时，扰动仍然没有停止，会造成光伏阵列的实际工作点在最大功率点附近小幅振荡，损失一部分功率。此外，当光照强度发生快速变化时，可能会发生"误判"现象。

发生"误判"的原因如图4-9所示。当光伏系统用扰动观测法进行MPPT时，假设光伏系统工作在MPP点左侧，此时工作电压记为 U_a，光伏阵列输出功率记为 P_a。由于电压扰动，当工作电压向右移至 U_b 时，如果光照强度没有变化，光伏阵列输出功率满足 $P_b>P_a$，控制系统工作正确。但如果光照强度下降，则对应 U_b 的输出功率可能为 $P_c<P_a$，此时，控制系统会误判电压扰动方向，从而使工作点往左移回到 U_a 点。如果日照强度持续下降，则可能出现控制系统不断"误判"，使工作点在 U_a 与 U_b 之间来回移动振荡，而无法追踪到光

伏阵列的最大功率点。

3）电导增量法。电导增量法（Incremental Conductance，INC）也是目前常用的 MPPT 控制算法之一。其主要原理是根据最大功率点的电压来调节光伏阵列的输出电压。由光伏阵列的 P-U 曲线可知最大功率点处的斜率为零，因此在最大功率点处有

$$\frac{\mathrm{d}P}{\mathrm{d}U} = I + U\frac{\mathrm{d}I}{\mathrm{d}U} = 0 \qquad (4\text{-}1)$$

即

$$\frac{\mathrm{d}I}{\mathrm{d}U} = -\frac{I}{U} \qquad (4\text{-}2)$$

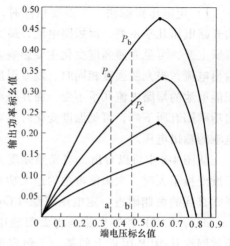

图 4-9 扰动观测法发生"误判"示意图

式（4-2）即为工作点位于最大功率点的条件。

实际中以 $\Delta I / \Delta U$ 近似代替 $\mathrm{d}I/\mathrm{d}U$。如果 $\frac{\mathrm{d}I}{\mathrm{d}U} < -\frac{I}{U}$，则光伏阵列的工作点在最大功率点的右边，此时应减小输出电压；如果 $\frac{\mathrm{d}I}{\mathrm{d}U} > -\frac{I}{U}$，则光伏阵列的工作点在最大功率点的左边，此时应增加输出电压。

电导增量法的主要优点是控制稳定度高，响应速度比较快，当光照强度和温度变化时，光伏阵列的输出电压能平稳地追随其变化，使太阳能电池阵列最后稳定在最大功率点附近的某个点，不会出现"误判"的过程，且与太阳能电池阵列的特性及参数无关。然而，由于电导增量法需要对太阳能电池阵列的电压和电流进行采样，对硬件的要求特别是对传感器的精度要求比较高，系统的响应速度要求比较快。

4）模糊逻辑控制。模糊逻辑控制（fuzzy logic control）是以模糊控制理论为基础的一种新兴的控制手段，是模糊系统理论与自动控制技术相结合的产物，特别适用于复杂的非线性系统。由于太阳光照强度的不确定性、光伏阵列温度的变化、负载情况的变化以及光伏阵列输出特性的非线性特征，因此采用模糊逻辑控制的方法来进行 MPPT 控制是非常合适的，可以获得比较理想的效果。

将模糊逻辑控制引入到光伏发电系统的 MPPT 控制中，系统能快速响应外部环境变化，并能减轻在最大功率点附近的功率振荡。

5）其他方法。除了上述几种常用的 MPPT 方法之外，还有其他方法可以实现光伏阵列的 MPPT，包括滞环比较法、人工神经网络控制法、最优梯度法等，这些方法的基本原理都是类似的，但具体实现方法各有差别，这里就不再描述了。

（2）MPPT 控制电路 通过改变加载在光伏阵列两端的负载 R 阻值，从而改变光伏阵列的工作点，达到跟踪最大功率点的目的。最大功率点跟踪就是为了完成阻抗匹配的任务。光伏阵列的 MPPT 控制一般都是通过 DC—DC 变换电路来完成的。在光伏系统 MPPT 控制器中使用的 DC—DC 变换电路主要拓扑结构有降压型（Buck）、升压型（Boost）、升-降压型（Boost-Buck）等。

1）Buck 电路。如图 4-10 所示为 Buck 电路原理。Buck（降压）斩波电路实际上是一种

电流提升电路，主要用于驱动电流型负载。直流变换是通过电感来实现的。

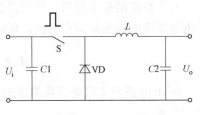

图 4-10　Buck 电路原理

使开关 S 保持振荡，振荡周期 $T=T_{on}+T_{off}$，当 S 接通时

$$U_i = U_o + L\frac{\mathrm{d}i_L}{\mathrm{d}t}$$

假设 T_{on} 时间足够短，U_i 和 U_o 保持恒定，于是

$$i_L(T_{on}) - i_L(0) = \frac{U_i - U_o}{L}T_{on}$$

在开关 S 接通期间，电感储存能量为 $\frac{1}{2}Li_L^2(T_{on})$。

当 S 断开时，电感通过二极管 VD 将能量释放到负载，

$$U_o = -L\frac{\mathrm{d}i_L}{\mathrm{d}t}$$

假设 T_{off} 时间足够短，U_o 保持恒定，于是

$$i_L(T_{on}+T_{off}) - i_L(T_{on}) = -\frac{U_o T_{off}}{L}$$

稳态条件可以写成：$i_L(0) = i_L(T_{on}+T_{off})$，于是

$$(U_i - U_o)\frac{T_{on}}{L} = \frac{U_o T_{off}}{L},$$

$$U_o = \frac{U_i T_{on}}{T_{on}+T_{off}}$$

得到　　　　　　　　　　　　　$U_o < U_i$

因为流过电感的电流 i_L 不可能是负值，连续传导条件为 $i_L(0)>0$，于是

$$\frac{U_o T_{off}}{L} > -i_L(T_{on})$$

得到　　　　　　　　　　$T_{off} < \frac{Li_L(T_{on})}{U_o}$

图 4-11 所示为 Buck 变换器的输出电流变化。

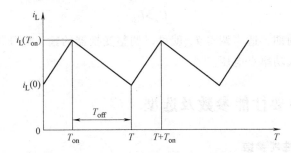

图 4-11　Buck 变换器的输出电流变化

对于给定的振荡周期，适当调整 T_{on} 就可以调整变换器的输入电压 U_i，使其接近于太阳能电池方阵的最大功率点电压。Buck 电路的平均负载电流 I_L 为

$$I_L = \frac{1}{T} \int_0^T i_L \mathrm{d}t = i_L(T_{on}) - \frac{U_o T_{off}}{2L}$$

Buck 电路中 2 只电容器的作用是减少电压波动，从而使输出电流的曲线得到提升并尽可能平滑。

2）Boost 电路。如图 4-12 所示为 Boost 电路原理。Boost 升压斩波电路主要用于太阳能电池方阵对蓄电池充电的电路中。直流变换也是通过电感来实现的。

使开关 S 保持振荡，振荡周期 $T = T_{on} + T_{off}$，当 S 断开时

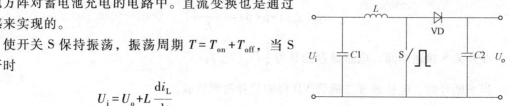

图 4-12　Boost 电路原理

$$U_i = U_o + L\frac{\mathrm{d}i_L}{\mathrm{d}t}$$

假设 U_i 在 T_{on} 时间内保持恒定，电流变化可以写成

$$i_L(T_{on}) - i_L(0) = \frac{U_i T_{on}}{L}$$

在开关 S 接通期间，电感储存能量为 $\frac{1}{2}Li_L^2(T_{on})$。

当 S 断开时，电感通过二极管 VD 将能量释放到负载，

$$U_i - U_o = L\frac{\mathrm{d}i_L}{\mathrm{d}t}$$

假设 T_{off} 时间足够短，使 U_i 和 U_o 保持恒定，于是

$$i_L(T_{on}+T_{off}) - i_L(T_{on}) = (U_i - U_o)T_{off}/L$$

稳态条件可以写成：$i_L(0) = i_L(T_{on}+T_{off})$，于是

$$\frac{U_i T_{on}}{L} = -(U_i - U_o)\frac{T_{off}}{L}$$

$$U_o = \frac{U_i(T_{on}+T_{off})}{T_{off}}$$

得到　　　　　　　　　　　　　　$U_o > U_i$

对于给定的振荡周期，适当调整 T_{on} 就可以调整变换器的输入电压 U_i，从而使其接近于太阳能电池方阵的最大功率点电压。

4.3　控制器的主要性能参数及选型

1. 控制器的主要性能参数

（1）额定电压　额定电压是指光伏发电系统的直流工作电压，小功率控制器中电压一

般为 12V 和 24V，中、大功率控制器中为 110V、220V 和 600V。

（2）最大光伏组件功率　最大光伏组件功率是指太阳能电池组件或方阵所能输出的最大功率，按照功率大小可将其分为 30W、60W、120W、240W、720W、1kW、22kW、66kW、120kW 等多种规格。

（3）光伏阵列输入路数　小功率光伏控制器一般都是单路输入，而中、大功率光伏控制器都是由太阳能电池方阵多路输入，一般可输入 2 路、4 路、6 路，最多的可接入 10 路、12 路、18 路和 20 路。

（4）蓄电池过充保护电压　当充电电压超过过充保护电压时，控制器将自动切断充电电路。此后当电压降低至维持电压时，蓄电池进入浮充状态，当低于恢复电压后浮充状态停止，进入均充状态。蓄电池过充保护电压一般可根据需要及蓄电池类型的不同，设定在 14.1~14.5V（12V 系统）、28.2~29V（24V 系统）和 56.4~58V（48V 系统），典型值分别为 14.4V、28.8V 和 57.6V。蓄电池过充电保护的关断恢复电压一般设定为 13.1~13.4V（12V 系统）、26.2~26.8V（24V 系统）和 52.4~53.6V（48V 系统），典型值分别为 13.2V、26.4V 和 52.8V。

（5）蓄电池过放保护电压　当放电电压超过过放保护电压时，控制器将自动切断负载，从而最大限度保护蓄电池使用寿命。当电压回升到恢复电压时，恢复对负载供电。蓄电池过放保护电压一般可根据需要及蓄电池类型的不同，设定在 10.8~11.4V（12V 系统）、21.6~22.8V（24V 系统）和 43.2~45.6V（48V 系统）之间，典型值分别为 11.1V、22.2V 和 44.4V。蓄电池过放电保护的关断恢复电压一般设定为 12.1~12.6V（12V 系统）、24.2~25.2V（24V 系统）和 48.4~50.4V（48V 系统）之间，典型值分别为 12.4V、24.8V 和 49.6V。

（6）蓄电池充电浮充电压　蓄电池的充电浮充电压一般为 13.7V（12V 系统）、27.4V（24V 系统）和 54.8V（48V 系统）。

（7）温度补偿　控制器一般都具有温度补偿功能，以适应不同的环境工作温度，为蓄电池设置更为合理的充电电压，控制器的温度补偿系数应满足蓄电池的技术发展要求，其温度补偿值一般为 -20 mV/℃（12V 系统）、-40 mV/℃（24V 系统）和 -60mV/℃（48V 系统）。

（8）工作环境温度　控制器的使用或工作环境温度范围随厂家不同一般在 -200~500℃ 之间。

2. 控制器的选型

光伏控制器要根据系统功率、系统直流工作电压、电池方阵输入路数、负载状况以及用户的特殊要求等来确定其类型。一般应考虑以下几项技术指标：

（1）额定电压　蓄电池或蓄电池组的工作电压，根据直流负载电压或交流逆变器的配置选型来确定，一般有 12V、24V、48V、110V、220V 等。

（2）额定充电电流和输入控制路数　控制器的额定充电电流取决于太阳能电池组件或方阵的输出电流，选型时控制器的额定充电电流应大于或等于太阳能电池组件或方阵的输出电流。

控制器的输入控制路数要大于或等于太阳能电池方阵的设计输入路数。小功率控制器一般只有一路输入，大功率控制器多采用多路输入，各路电池方阵的输出电流应小于或等于控制器每路允许输入的最大电流值。

（3）额定负载电流　控制器输出提供给直流负载或逆变器的直流输出电流，要满足负载或逆变器的输入要求。

习　题

一、填空题

1. 光伏控制器按电路方式的不同主要分为_____、_____、_____、_____。

2. 中、大功率光伏控制器中光伏一般输入_____、_____、_____路太阳能电池方阵。

3. 小功率控制器中电压一般为_____、_____V。

4. MPPT 的常用算法包括_____、_____、_____、_____等。

二、选择题

1. 在离网光伏发电系统、并网光伏发电系统以及光伏—风力混合发电系统中，需要配置储能装置和（　　）等。

A. 蓄电池　　　B. 控制器　　　C. 斩波器　　　D. 太阳能电池

2. 以下哪种不属于控制器分类（　　）。

A. 并联型　　　B. 串联型　　　C. 脉宽调制型　　　D. 电压源型

3. 几千瓦以上的大功率光伏发电系统一般选用（　　）控制器。

A. 并联型　　　B. 串联型　　　C. 脉宽调制型　　　D. 多路型

三、简答题

1. 光伏控制器应具有哪些功能？

2. 光伏控制器一般应考虑哪些技术指标？

3. 并联型控制器中防反接二极管的作用是什么？

4. 简述控制器的工作原理。

5. 串联型控制器与并联型控制器有什么区别？

6. 什么是 MPPT，在太阳能光伏发电系统中，MPPT 控制器的作用是什么？

第5章

逆 变 器

5.1 逆变器的基础知识

目前我国光伏发电系统主要是直流系统，即将太阳能电池发出的电能给蓄电池充电，而蓄电池直接给负载供电，如我国西北地区使用较多的太阳能户用照明系统以及远离电网的微波站供电系统均为直流系统。此类系统结构简单、成本低廉，但由于负载直流电压的不同（如12V、24V、48V等），很难实现系统的标准化和兼容性，特别是民用电力，由于大多为交流负载，以直流电力供电的光伏电源很难作为商品进入市场。另外，光伏发电最终将实现并网运行，这就必须采用交流系统。随着我国光伏发电市场的日趋成熟，今后交流光伏发电系统必将成为光伏发电的主流。

1. 国内外逆变器的主要生产商

国外主要光伏逆变器公司见表5-1。

表5-1 国外主要光伏逆变器公司

公司	国家	市场份额
SMA	德国	约40%
KACO	德国	约10%
Fronius	奥地利	约9%
英赫特安（Ingeteam）	西班牙	约7%
Siemens	德国	约6%
Power-one	美国	约2%

参考2015年度全球光伏电站行业各企业全年主营产品经营收入、出货量、并网装机规模等财务数据的高低排出中国光伏逆变器企业20强，见表5-2。

表5-2 国内主要光伏逆变器公司

2016中国光伏逆变器企业20强		
	公 司 名 称	出货量/MW
1	华为技术有限公司	10500
2	阳光电源股份有限公司	8906.7
3	特变电工西安电气科技有限公司	4000
4	上能电气股份有限公司	3500

（续）

2016 中国光伏逆变器企业 20 强

	公 司 名 称	出货量/MW
5	厦门科华恒盛股份有限公司	1300
6	深圳科士达科技股份有限公司	960.69
7	上海正泰电源系统有限公司	870
8	广东易事特电源股份有限公司	626.9
9	深圳古瑞瓦特新能源股份有限公司	580
10	江苏宝丰新能源科技有限公司	550
11	江苏兆伏爱素新能源有限公司	530
12	宁波锦浪新能源科技股份有限公司	500
13	湖北追日电气股份有限公司	490
14	北京能高自动化技术股份有限公司	480
15	深圳市中兴昆腾有限公司	400
16	江苏固德威电源科技股份有限公司	323
17	上海兆能电力电子技术有限公司	320
18	山亿新能源股份有限公司	300
19	深圳禾望电气有限公司	270
20	广州三晶电气有限公司	120

注：1. 此榜单排名依据为各企业 2015 全年度的逆变器出货量；
2. 本榜单依据 PVP365 能够调研到的数据形成，如有误差，谨表歉意！

2. 逆变器的工作原理

如图 5-1a 所示，以单相桥式逆变电路为例来分析其工作原理，其中 S1～S4 是桥式电路的 4 个桥臂，由电子元器件及辅助电路组成。当开关 S1、S4 闭合，S2、S3 断开时，负载电压 u_o 为正；当开关 S1、S4 断开，S2、S3 闭合时，u_o 为负，这样就把直流电变成了交流电。

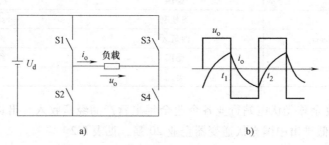

图 5-1　单相桥式逆变电路及波形

改变两组开关的切换频率，即可改变输出交流电的频率，这就是最基本的逆变电路工作原理。带电阻性负载时，负载电流 i_o 和电压 u_o 的波形相似，相位相同；带阻感性负载时，负载电流 i_o 相位滞后于电压 u_o，波形也不同，阻感性负载时波形如图 5-1b 所示。

3. 光伏发电系统对逆变器的技术要求

采用交流电力输出的光伏发电系统，由光伏阵列、充放电控制器、蓄电池和逆变器四部分组成，而逆变器是其中的关键部件。光伏发电系统对逆变器的技术要求如下：

1）较高的转换效率。由于目前太阳能电池的价格偏高，为最大限度地利用太阳能电池所发的电能，提高系统效率，必须设法提高逆变器的效率。

2）稳定的可靠性。目前光伏发电系统主要用于边远地区，许多电站无人值守和维护，这就要求逆变器具有合理的电路结构，严格的元器件筛选，并要求逆变器具备各种保护功能，如输入直流极性反接保护，交流输出短路保护，过热、过载保护等。

3）较宽的直流输入电压适应范围。太阳能电池的端电压随负载和日照强度而变化，蓄电池对太阳能电池的电压具有钳位作用。但由于蓄电池的电压随蓄电池剩余容量和内阻的变化而波动，特别是当蓄电池老化时其端电压的变化范围很大，如12V蓄电池，其端电压可在10~16V之间变化，这就要求逆变器必须在较宽的直流输入电压范围内保证正常工作和交流输出电压的稳定。

4）在中、大容量的系统中，逆变器的输出应为失真度较小的正弦波。这是由于在中、大容量系统中，若采用方波供电，则输出将含有较多的谐波分量，高次谐波将产生附加损耗，许多光伏发电系统的负载为通信或仪表设备，这些设备对供电品质有较高的要求。另外，当中、大容量的光伏发电系统并网运行时，为避免对公共电网的电力污染，也需要逆变器满足电网要求的输出失真度。

4. 逆变器的主要性能指标

1）额定输出电压。在规定的输入直流电压允许的波动范围内，它表示逆变器应能输出的额定交流电压值。对输出额定电压值的稳定精度有如下规定：

① 在稳态运行时，电压波动范围应有一个限定，例如，其偏差不超过额定值的±3%或±5%。

② 在负载突变或有其他干扰因素影响动态情况下，其输出电压偏差不应超过额定值的±8%或±10%。

2）额定输出容量和过载能力。逆变器的选用，首先要考虑具有足够的额定容量，以满足最大负载下设备对电功率的需求。额定输出容量表征逆变器向负载供电的能力，它的值越高的逆变器可带动越多的用电负载。但当逆变器的负载不是纯阻性时，也就是输出功率因数小于1时，逆变器带负载能力将小于所给出的额定输出容量值。

3）输出电压稳定度。在独立光伏发电系统中均以蓄电池为储能设备。当额定电压为12V的蓄电池处于浮充状态时，端电压可达13.5V，短时间过充状态可达15V。蓄电池带负载放电完毕后端电压可降至10.5V或更低。蓄电池端电压的起伏可达额定电压的30%左右。这就要求逆变器具有较好的调压性能，才能保证光伏发电系统以稳定的交流电压供电。

输出电压稳定度表征逆变器输出电压的稳压能力。多数逆变器产品给出的是输入直流电压在允许波动范围内该逆变器输出电压的偏差百分数，通常称为电压调整率。当负载变化时，高性能的逆变器应同时给出输出电压的偏差百分数，通常称为负载调整率。性能良好的逆变器的电压调整率应≤±3%，负载调整率应≤±6%。

4）逆变输出效率。整机逆变效率高是光伏发电系统专用逆变器区别于通用型逆变器的一个显著特点。10kW级的通用型逆变器实际效率只有70%~80%，将其用于光伏发电系统时将带来总发电量20%~30%的电能损耗。光伏发电系统专用逆变器，在设计中应特别注意减少自身功率损耗，提高整机效率，这是提高光伏发电系统技术经济指标的一项重要措施。在整机效率方面对光伏发电专用逆变器的要求是千瓦级以下逆变器额定负载效率≥80%~

85%，轻载效率 ≥ 65% ~ 75%；10kW 级逆变器额定负载效率 ≥ 85% ~ 90%，轻载效率 ≥ 70% ~ 80%。

逆变器的效率值表征自身功率损耗的大小，通常以百分数表示。容量较大的逆变器还应给出满载效率值和轻载效率值。千瓦级以下的逆变器效率应为 80% ~ 85%，10kW 级的逆变器效率应为 85% ~ 90%。逆变器效率的高低对光伏发电系统提高有效发电量和降低发电成本有着重要影响。

5）负载功率因数。逆变器带感性负载或容性负载的能力。正弦波逆变器的负载功率因数为 0.7 ~ 0.9，额定值为 0.9。在负载功率一定的情况下，如果逆变器的功率因数较低，则所需逆变器的容量就要增大，一方面造成成本增加，同时光伏系统交流回路的视在功率增大，回路电流增大，损耗必然增加，系统效率也会降低。

6）保护功能。光伏发电系统正常运行过程中，因负载故障、人员误操作及外界干扰等原因而引起的供电系统过电流或短路是完全有可能的。逆变器对此现象最为敏感，是光伏发电系统中的薄弱环节。因此，在选用逆变器时，必须要求具有良好的对过电流及短路的自我保护功能。这也是目前提高光伏发电系统可靠性的关键所在。

① 过电压保护：对于没有电压稳定措施的逆变器，应有输出过电压的防护措施，以使负载免受输出过电压的损害。

② 过电流保护：逆变器的过电流保护，应能保证在负载发生短路或电流超过允许值时及时动作，使其免受浪涌电流的损伤。

5. 光伏系统中逆变器的应用场合

1）户用电源（几十瓦 ~ 几百瓦）：满足日常照明、生活用电需求。

2）集中式电站（几千瓦 ~ 几百千瓦）：满足一个地区的供电需求。

3）屋顶并网电站（几千瓦 ~ 几兆瓦）：利用建筑的屋顶发电并入电网。

4）荒漠并网电站（几百千瓦 ~ 几百兆瓦）：利用荒漠铺建大面积光伏组件发电并入电网。

6. 逆变器的分类

（1）按逆变器输出的相数分

1）单相逆变器。

2）三相逆变器。

3）多相逆变器。

（2）按照负载是否有源分

1）有源逆变器。

2）无源逆变器。

（3）按逆变器主电路的形式分

1）单端式逆变器。

2）推挽式逆变器。

3）半桥式逆变器。

4）全桥式逆变器。

（4）按输入直流电源性质分

1）电压源型逆变器（VSI）。

2）电流源型逆变器（CSI）。

逆变器将直流电力切断时，直流侧的电压保持一定的方式称为电压源型，直流侧的电流保持一定的方式称为电流源型。交流输出的控制方法有两种，电流控制方法和电压控制方法。独立太阳能光伏发电系统一般用电压控制型逆变器，并网太阳能光伏发电系统一般用电流控制型逆变器。

（5）按逆变器输出电压波形分

1）方波逆变器。方波逆变器输出的电压波形为方波，此类逆变器所使用的逆变电路也不完全相同，但共同的特点是线路比较简单，使用的功率开关数量很少，设计功率一般在百瓦至千瓦之间。

方波逆变器的优点是线路简单、维修方便、价格便宜。缺点是方波电压中含有大量的高次谐波，在带有铁心电感或变压器的负载用电器中将产生附加损耗，对收音机和某些通信设备造成干扰。此外，这类逆变器还有调压范围不够宽、保护功能不够完善、噪声比较大等缺点。

2）阶梯波逆变器。此类逆变器输出的电压波形为阶梯波，逆变器实现阶梯波输出也有多种不同的线路，而且输出波形的阶梯数目差别很大。

阶梯波逆变器的优点是输出波形比方波有明显改善，高次谐波含量减少，当阶梯达到17个以上时输出波形可实现准正弦波，当采用无变压器输出时整机效率很高。缺点是阶梯波叠加线路使用的功率开关器件较多，其中还有些线路形式还要求有多组直流电源输入。这给太阳能电池方阵的分组与接线和蓄电池的均衡充电均带来很多麻烦，此外阶梯波电压对收音机和某些通信设备仍有一些高频干扰。

3）正弦波逆变器。正弦波逆变器输出的电压波形为正弦波。

正弦波逆变器的优点是输出波形好、失真度低，对收音机及通信设备干扰小、噪声低。此外，保护功能齐全、整机效率高。缺点是线路相对复杂，对维修技术要求高，价格昂贵。

（6）按逆变器的适用场合分

1）集中式逆变器。集中式逆变器功率在 50kW 到 630kW 之间，功率器件采用大电流 IGBT，系统拓扑结构采用 DC-AC 一级电力电子器件变换全桥逆变，工频隔离变压器的方式，防护等级一般为 IP20。体积较大，适于室内立式安装。集中式逆变器一般用于日照均匀的厂房、荒漠电站、地面电站等大型发电系统中，系统总功率大，一般是兆瓦级以上。

主要优点有：

① 逆变器数量少，便于管理；

② 逆变器元器件数量少，可靠性高；

③ 谐波含量少，直流分量少，电能质量高；

④ 逆变器集成度高，功率密度大，成本低；

⑤ 逆变器各种保护功能齐全，电站安全性高；

⑥ 有功率因数调节功能和低电压穿越功能，电网调节性好。

主要缺点有：

① 直流汇流箱故障率较高，影响整个系统。

② 集中式逆变器 MPPT 电压范围窄，一般为 450~820V，组件配置不灵活。在阴雨天、雾气多的地区，发电时间短。

③ 逆变器机房安装部署困难，需要专用的机房和设备。

④ 逆变器自身耗电以及机房通风散热耗电量大，系统维护相对复杂。

⑤ 集中式并网逆变系统中，组件方阵经过两次汇流到达逆变器，逆变器最大功率跟踪功能（MPPT）不能监控到每一路组件的运行情况，因此不可能使每一路组件都处于最佳工作点，当有一块组件发生故障或者被阴影遮挡，会影响整个系统的发电效率。

⑥ 集中式并网逆变系统中无冗余能力，如发生故障停机，整个系统将停止发电。

2）组串式逆变器。组串式逆变器：功率小于 30kW，功率开关管采用小电流的 MOSFET，拓扑结构采用 DC-DC-BOOST 升压和 DC-AC 全桥逆变两级电力电子器件变换，防护等级一般为 IP65。体积较小，可室外挂式安装。组串式逆变器适用于中小型屋顶光伏发电系统和小型地面电站。

主要优点有：

① 组串式逆变器采用模块化设计，每个光伏组件对应一个逆变器，直流端具有最大功率跟踪功能，交流端并联并网，其优点是不受组串间模块差异和阴影遮挡的影响，同时减少光伏电池组件最佳工作点与逆变器不匹配的情况，很大程度上增加了发电量。

② 组串式逆变器 MPPT 电压范围宽，一般为 250~800V，组件配置更为灵活。在阴雨天、雾气多的地区，发电时间长。

③ 组串式并网逆变器的体积小、重量轻，搬运和安装都非常方便，不需要专业工具和设备，也不需要专门的配电室，在各种应用中都能够简化施工、减少占地，直流线路连接也不需要直流汇流箱和直流配电柜等。组串式逆变器还具有自耗电低、故障影响小、更换维护方便等优势。

主要缺点有：

① 电子元器件较多，功率器件和信号电路在同一块板上，设计和制造的难度大，可靠性稍差。

② 功率器件电气间隙小，不适合高海拔地区。户外安装，风吹日晒很容易导致外壳和散热片老化。

③ 不带隔离变压器设计，电气安全性稍差，不适合薄膜组件负极接地系统，直流分量大，对电网影响大。

④ 多个逆变器并联时，总谐波高，单台逆变器总谐波电流畸变率 THDi 可以控制到 2% 以上，但如果超过 40 台逆变器并联时，总谐波会叠加，而且较难抑制。

⑤ 逆变器数量多，总故障率会升高，系统监控难度大。

⑥ 没有直流断路器和交流断路器，也没有直流熔断器，当系统发生故障时，不容易断开。

⑦ 单台逆变器可以实现零电压穿越功能，但多机并联时，零电压穿越、无功调节、有功调节等功能较难实现。

3）微型逆变器。在实际应用中，每一路组串型逆变器的直流输入端，会由 10 块左右光伏电池组件串联接入。10 块串联的电池组件中，若有一块不能良好工作，则这一串都会受到影响。若逆变器多路输入使用同一个 MPPT，那么各路输入也都会受到影响，大幅降低发电效率。而在微型逆变器的光伏系统中，每一块电池组件分别接入一台微型逆变器，当电池组件中有一块不能良好工作时，则只有这一块都会受到影响，而其他光伏电池组件都将在最佳工作状态运行，使得系统总体效率更高、发电量更大。

5.2 单相逆变器

单相逆变器是光伏发电系统最常用的逆变器形式之一,单相逆变器按其结构可分为单相推挽式逆变器、单相半桥逆变器和单相全桥逆变器等。本小节将重点分析电压型单相推挽式逆变器、电压型单相半桥逆变器、电压型单相全桥逆变器和电流型单相全桥逆变器。

1. 电压型单相推挽式逆变器

电压型单相推挽式逆变器的逆变电路及其波形图如图 5-2 所示。推挽式逆变电路只用两个开关器件,比全桥电路少用了一半的开关器件,可以提高能量利用率,另外驱动电路具有公共地,驱动简单,适用于一次侧电压比较低的场合。推挽式逆变电路的主要缺点是很难防止输出变压器的直流饱和,另外和单电压极性切换的全桥逆变电路相比,它对开关器件的耐压值也高出一倍,因此适合应用于直流母线电压较低的场合。此外,变压器的利用率较低,驱动感性负载困难。

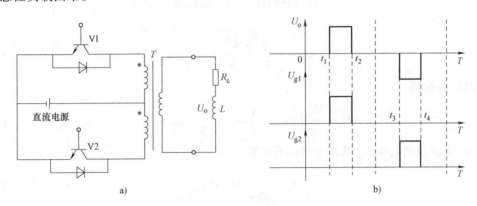

图 5-2 电压型单相推挽式逆变器的逆变电路结构及波形图

a) 电路拓扑结构 b) 电路波形

2. 电压型单相半桥逆变器

(1) 基本电路 电压型单相半桥逆变器的逆变电路及其波形图如图 5-3 所示。它由两个导电臂构成,每个导电臂由一个全控器件 V1(V2) 和一个续流二极管 VD1(VD2) 组成。在直流侧接有两个相互串联的足够大的电容,两个电容的连接点是直流电源的中点。V1 和 V2 之间存在死区时间,以避免上、下桥臂直通,在死区时间内 V1 和 V2 均无驱动信号。

(2) 工作原理 在一个周期内,开关器件 V1 和 V2 的基极信号各有半周正偏,半周反偏,且二者互补。

输出电压 U_o 为矩形波,其幅值为 $U_m = U_d/2$。

阻感负载时,t_2 时刻给 V1 关断信号,给 V2 开通信号,则 V1 关断,但感性负载中的电流 i_o 不能立即改变方向,于是 VD2 导通续流,当 t_3 时刻 i_o 降为零时,VD2 截止,V2 开通,i_o 开始反向。V1 或 V2 导通时,i_o 和 U_o 同方向,直流侧向负载提供能量;VD1 或 VD2 导通时,i_o 和 u_o 反方向,电感中贮能向直流侧反馈。VD1、VD2 称为反馈二极管,同时又起着使负载电流连续的作用,又称续流二极管。

(3) 定量分析 逆变器输出电压的有效值为

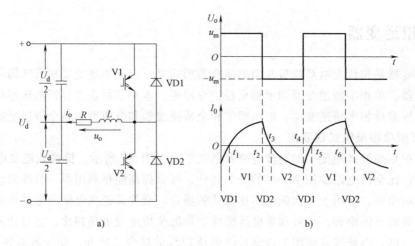

图 5-3 电压型单相半桥逆变器的逆变电路拓扑结构及波形图

a) 电路拓扑结构　b) 电路波形

$$U_o = \sqrt{\frac{2}{T_o} \int_0^{T_o/2} \frac{U_d^2}{4} dt} = \frac{U_d}{2} \tag{5-1}$$

傅里叶分解得

$$U_o = \frac{2U_d}{\pi}\left(\sin\omega t + \frac{1}{3}\sin\omega t + \frac{1}{5}\sin\omega t + \cdots\right) \tag{5-2}$$

当 $\omega = 2\pi f$ 输出电压 U_o 基波分量的有效值为

$$U_{o1} = \frac{2U_d}{\sqrt{2}\,\pi} = 0.45U_d \tag{5-3}$$

输出电流 I_o 基波分量为

$$I_{o1}(t) = \frac{\sqrt{2}\,U_{o1}}{\sqrt{R^2 + (\omega L^2)}}\sin(\omega t - \varphi) \tag{5-4}$$

（4）电路优缺点　优点是电路简单，使用器件少。缺点是输出交流电压幅值为 $U_d/2$，且直流侧需两电容器串联，要控制两者电压均衡。为了使负载电压接近正弦波，通常在输出端要接 LC 滤波器滤除逆变器输出电压中的高次谐波。主要用于几千瓦以下的小功率逆变电源。

3. 电压型单相全桥逆变器

（1）基本电路　电压型单相全桥逆变器逆变电路原理如图 5-4 所示，它有四个桥臂可以看成由两个半桥组成。U_d 为直流输入电压，电容 C 为输入滤波储能用的电解电容，电阻 R 和电感 L 为全桥电路的输出负载，V1 ~ V4 是全控性电子器件，如 IGBT、MOSFET 等，VD1 ~ VD4 为续流二极管。全控型开关器件 V1 和 V4 构成一对桥臂，V2 和 V3 构成另一对桥臂。

（2）工作原理　在一个周期内，V1 和 V4 同时通、断；V2 和 V3 同时通、断。V1（V4）与 V2（V3）的驱动信号互补，即 V1 和 V4 有驱动信号时，V2 和 V3 无驱动信号，反之亦然，两对桥臂各交替导通 180°，则可以输出正负半周期对称的方波交流电。输出电压和电流波形图与半桥电路形状相同，但幅值高出一倍，在此不再详述。

（3）定量分析　把幅值为 U_d 的矩形波 U_o 展开成傅里叶级数得

$$U_o = \frac{4U_d}{\pi}\left(\sin\omega t + \frac{1}{3}\sin\omega t + \frac{1}{5}\sin\omega t + \cdots\right)$$

$$(5-5)$$

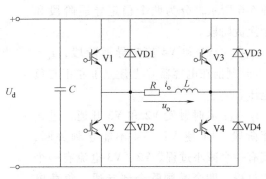

图 5-4　电压型单相全桥逆变电路工作原理图

其中基波的幅值 U_{o1m} 为

$$U_{o1m} = \frac{4U_d}{\pi} = 1.27U_d \qquad (5-6)$$

基波有效值 U_{o1} 为

$$U_{o1} = \frac{2\sqrt{2}\,U_d}{\pi} = 0.9U_d \tag{5-7}$$

基波电流 I_{o1} 为

$$I_{o1} = \frac{4U_d}{\pi}\frac{1}{\sqrt{R^2 + (\omega L^2)}}\sin(\omega t - \varphi) \tag{5-8}$$

式中，$\varphi = \arctan(\omega L / R)$。

4. 电流型单相全桥逆变器

（1）基本电路　如图 5-5 所示，电流型单相全桥逆变器电路包含四个桥臂，每桥臂晶闸管各串联一个电抗器 LT，限制晶闸管开通时的 di/dt。V1、V4 和 V2、V3 以 1000~2500Hz 的中频频率轮流导通，可得到中频交流电。采用负载换相方式，要求负载电流超前于电压。

负载一般是电磁感应线圈，加热线圈内的钢料，R、L 串联为其等效电路。因功率因数很低，故并联电容器 C。C 和 L、R 构成并联谐振电路，故此电路也称为并联谐振式逆变电路。

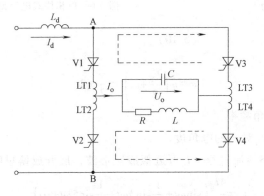

图 5-5　电流型单相全桥（并联谐振式）逆变电路

输出电流波形接近矩形波，含基波和各奇次谐波，且谐波幅值远小于基波。因基波频率接近负载电路谐振频率，故负载对基波呈高阻抗，对谐波呈低阻抗，谐波在负载上产生的压降很小，因此负载电压波形接近正弦波。

（2）工作原理　单相桥式电流型逆变器的逆变电路如图 5-5 所示，一周期内的工作波形如图 5-6 所示，分为两个稳定导通阶段和两个换流阶段。

$t_1 \sim t_2$：V1 和 V4 稳定导通阶段，$I_o = I_d$，t_2 时刻前在电容器 C 上建立了左正右负的电压。

$t_2 \sim t_4$：t_2 时触发 V2 和 V3 开通，进入换流阶段。LT 使 V1、V4 不能立刻关断，电流有一个减小过程。V2、V3 电流有一个增大过程。四个晶闸管全部导通，负载电压经两个并联的放电回路同时放电。t_2 时刻后，LT1、V1、V3、LT3 到电容器 C；另一个经 LT2、V2、V4、LT4 到电容器 C。$t = t_4$ 时，V1、V4 电流减至零而关断，换流结束。$t_4 - t_2 = t_g$ 称为换流时间。I_o 在 t_3 时刻，即 $I_{VT1} = I_{VT2}$ 时刻过零点，t_3 时刻大体位于 t_2 和 t_4 的中点。

为保证开关管的可靠关断，开关器件需一段时间才能恢复正向阻断能力，换流结束后还要使 V1、V4 承受一段反压时间 t_β，$t_\beta = t_5 - t_4$ 应大于晶闸管的关断时间 t_q。为保证可靠换流，应在 U_o 过零点前 $t_d = t_5 - t_2$ 时刻触发 V2、V3。

t_d 为触发引前时间

$$t_d = t_\gamma + t_\beta \tag{5-9}$$

I_o 超前于 U_o 的时间为

$$t_\varphi = \frac{t_\gamma}{2} + t_\beta \tag{5-10}$$

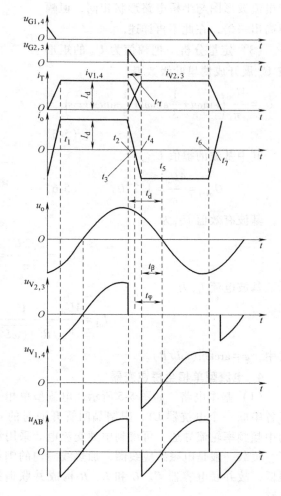

图 5-6 单相桥式电流型逆变电路工作波形

电角度

$$\varphi = \omega\left(\frac{t_\gamma}{2} + t_\beta\right) = \frac{\gamma}{2} + \beta \tag{5-11}$$

式中　ω——为电路工作角频率；

γ、β——分别是 t_γ、t_β 对应的电角度。

（3）定量分析　忽略换流过程，I_o 可近似成矩形波，展开成傅里叶级数

$$i_o = \frac{4I_d}{\pi}\left(\sin\omega t + \frac{1}{3}\sin 3\omega t + \frac{1}{5}\sin 5\omega t + \cdots\right) \tag{5-12}$$

基波电流有效值

$$I_{o1} = \frac{4I_d}{\sqrt{2}\,\pi} = 0.9I_d \tag{5-13}$$

$$U_o = \frac{\pi U_d}{2\sqrt{2}\cos\varphi} = 1.11\frac{U_d}{\cos\varphi} \tag{5-14}$$

负载电压有效值 U_o 和直流电压 U_d 的关系（忽略 L_d 的损耗，忽略晶闸管压降）

5.3 三相逆变器

单相逆变器由于受到功率器件容量、零线（中性线）电流、电网负载平衡要求和用电负载的性质（例如三相交流异步电动机等）的限制，容量一般都在 100kV·A 以下，大容量的逆变电路多采用三相形式。本小节将重点分析三相电压源型逆变器和三相电流源型逆变器。

1. 三相电压源型逆变器

（1）基本电路　三相电压源型逆变电路如图 5-7 所示，三相逆变电路可由三个单相逆变电路组合而成。电路的直流侧实际只有一个电容器，为分析方便，画作串联的两个电容器并标出了假想中性点 N′，在应用中并不需要该中性点。基本工作方式是 180° 导电方式，同一相（即同一半桥）上下两臂交替导电，各相开始导电的角度差 120°，任一瞬间有三个桥臂同时导通，每次换流都是在同一相上下两臂之间进行，也称为纵向换流。

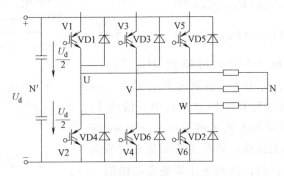

图 5-7　三相电压源型逆变电路

（2）工作原理　三相电压源型逆变电路一个周期内的工作波形如图 5-8 所示。

当 $0 < \omega t \leqslant \pi/3$ 时，V1、V5、V6 施加驱动。负载电流经 V1、V5 被送到 U 和 W 相负载上，然后经 V 相、负载和 V6 流回电源。

当 $\omega t = \pi/3$ 时，撤除 V5 的驱动，V5 关断，由于感性负载电流不能突变，W 相电流将由与 V2 反并联的二极管 VD2 提供，W 相负载电压被钳位到零电平。

当 V5 被关断时，不能立即导通 V2，以防止 V5、V2 同时导通造成短路，必须保证有一段死区时间或互锁延迟时间。V2 被施加正向驱动。当 VD2 续流结束时，W 相电流反向经 VT2 流回电源。此时负载电流由电源送出，经 V1 和 U 相负载，然后分流到 V 和 W 相负载，分别经 V6 和 V2 流回电源。

当 $\omega t = 2\pi/3$ 时，撤除 V6 的驱动，V6 关断，V 相电流由 VD3 续流。V6 经互锁延迟时间后，V3 被施加驱动脉冲。当续流结束时，V 相电流反向经 V3 流入 V 相负载。此时电流由电源送出，经 V1 和 V3 及 U、V 相负载回流到 W 相。由此，可以分析整个周期中各管的运行情况。

在一个周期内，六个开关器件触发导通的顺序为 V1→V2→V3→V4→V5→V6，依次相隔 60°，任一时刻均有三个开关器件同时导通，导通的组合顺序为 V1、V2、V3；V2、V3、V4；V3、V4、V5；V4、V5、V6；V5、V6、V1；V6、V1、VT2；每种组合工作 60°。

各相负载到电源中性点 N′ 的电压：U 相，V1 通，$U_{UN'} = U_d/2$，V4 通，$U_{UN'} = -U_d/2$。

$$\left.\begin{array}{l} U_{UV} = U_{UN'} - U_{VN'} \\ 负载线电压 \quad U_{VW} = U_{VN'} - U_{WN'} \\ U_{WU} = U_{WN'} - U_{UN'} \end{array}\right\} \quad (5\text{-}15)$$

$$\left.\begin{array}{l} U_{UN} = U_{UN'} - U_{NN'} \\ 负载相电压 \quad U_{VN} = U_{VN'} - U_{NN'} \\ U_{WN} = U_{WN'} - U_{NN'} \end{array}\right\} \quad (5\text{-}16)$$

负载中性点和电源中性点间电压

$$U_{NN'} = \frac{1}{3}(U_{UN'} + U_{VN'} + U_{WN'}) - \frac{1}{3}(U_{UN} + U_{VN} + U_{WN}) \quad (5\text{-}17)$$

负载三相对称时有 $U_{UN} + U_{VN} + U_{WN} = 0$

于是 $\quad U_{NN'} = \frac{1}{3}(U_{UN'} + U_{VN'} + U_{WN'}) \quad (5\text{-}18)$

利用式（5-15）和（5-17）可绘出 U_{UN}、U_{VN}、U_{WN} 波形。负载已知时，可由 U_{UN} 波形求出 I_U 波形，一相上下两桥臂间的换流过程和半桥电路相似，桥臂 1、3、5 的电流相加可得直流侧电流 I_d 的波形，I_d 每 60° 脉动一次，直流电压基本无脉动，因此逆变器从直流侧向交流侧传送的功率是脉动的，这是电压型逆变电路的一个特点。

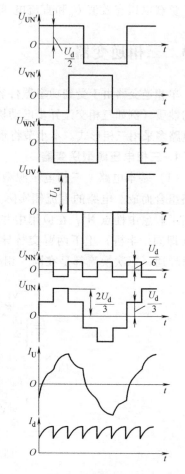

图 5-8　三相电压源型逆变电路的工作波形

（3）定量分析

1）输出线电压 U_{UV} 展开成傅里叶级数得

$$\begin{aligned} U_{UV} &= \frac{2\sqrt{3}\,U_d}{\pi}\left(\sin\omega t - \frac{1}{5}\sin 5\omega t - \frac{1}{7}\sin 7\omega t + \frac{1}{11}\sin 11\omega t + \frac{1}{13}\sin 13\omega t - \Lambda\right) \\ &= \frac{2\sqrt{3}\,U_d}{\pi}\left(\sin\omega t + \sum_n \frac{1}{n}(-1)^k \sin n\omega t\right) \end{aligned} \quad (5\text{-}19)$$

式中，$n = 6k \pm 1$，k 为自然数。

输出线电压有效值 $\quad U_{UV} = \sqrt{\frac{1}{2\pi}\int_0^{2\pi} U_{UV}^2 \,\mathrm{d}\omega t} = 0.816U_d \quad (5\text{-}20)$

基波幅值 $\quad U_{UV1m} = \frac{2\sqrt{3}\,U_d}{\pi} = 1.1U_d \quad (5\text{-}21)$

基波有效值 $\quad U_{UV1} = \frac{U_{UV1m}}{\sqrt{2}} = \frac{\sqrt{6}\,U_d}{\pi} = 0.78U_d \quad (5\text{-}22)$

2）负载相电压 U_{UN} 展开成傅里叶级数得

$$U_{\text{UN}} = \frac{2U_{\text{d}}}{\pi}\left(\sin\omega t + \frac{1}{5}\sin5\omega t + \frac{1}{7}\sin7\omega t + \frac{1}{11}\sin11\omega t + \frac{1}{13}\sin13\omega t - \Lambda\right)$$

(5-23)

$$= \frac{2U_{\text{d}}}{\pi}\left(\sin\omega t + \sum_{n} \frac{1}{n}\sin n\omega t\right)$$

式中，$n = 6k \pm 1$，k 为自然数。

输出相电压有效值 $\qquad U_{\text{UN}} = \sqrt{\frac{1}{2\pi}\int_{0}^{2\pi} U_{\text{UN}}^2 \mathrm{d}\omega t} = 0.471U_{\text{d}}$ (5-24)

基波幅值 $\qquad U_{\text{UN1m}} = \frac{2U_{\text{d}}}{\pi} = 0.637U_{\text{d}}$ (5-25)

基波有效值 $\qquad U_{\text{UN1}} = \frac{U_{\text{UN1m}}}{\sqrt{2}} = 0.45U_{\text{d}}$ (5-26)

2. 三相电流源型逆变器

（1）基本电路　三相电流源型逆变电路如图 5-9 所示。基本工作方式是 120°导电方式——每个支路一周期内导电 120°。每时刻上下桥臂组各有一个桥臂导通，横向换流。

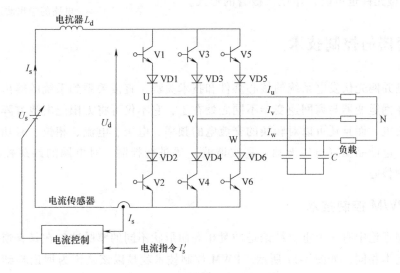

图 5-9　三相电流源型逆变电路

（2）工作原理　三相电流源型逆变电路的输出波形如图 5-10 所示。输出电流波形和负载性质无关，正负脉冲各 120°的矩形波。

该逆变器与三相电压型逆变器的情况相同，是由三组上下一对开关器件构成，但开关动作的方法与电压源型的不同。在直流侧串联了电抗器 L_{d}，以便能够减小直流电流 I_{s} 的脉动，而与逆变器的开关动作无关，所以在开关切换时，也必须保持电流连续。因此，如图 5-9 所示，开关器件 V1、V3、V5 其中的 1 个及相对应的 V2、V4、V6 中的 1 个，均每隔 1/3 周期分别流过电流 I_{s}。为此，输出电流波形为高度是 I_{s} 的 120°通电的方波。另外，在感性负载时，为了在电流急剧变化时不产生过渡电压（浪涌电压），在逆变器的输出端也并联了电容器。

电流型逆变器的输出电压变化缓慢，与输出电流相比，波形的畸变较小。在逆变器的输入侧，出现开关导通相的线电压。逆变器在 1 个周期内切换 6 次，所以输入电压 U_d 以输出频率的 6 倍频率脉动。

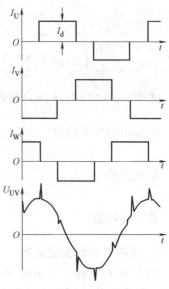

从以上各方面来看，电流源型逆变器是与电压源型逆变器相对应的电路。电流源型逆变器的电源即直流电流源是利用可变电压的电源通过电流反馈控制来实现的。该电源通常采用他激式正变换器或自激式正变换器。但是，仅用电流反馈，不能减小因开关动作形成的逆变器输入电压 U_d 的脉动而产生的电流脉动，所以要在电源上串联电抗器 L_d。

电流源型逆变器中流过各个开关的电流是单方向的（0 或者正），但加在开关器件上的电压是双向的（正、负），因此，电流源型逆变器的开关器件多采用晶体管（其他自关断型元件也可以）串联二极管的形式。

图 5-10　三相电流源型逆变电路的输出波形

5.4　逆变器的控制技术

逆变器是并网光伏发电系统的核心部件和技术关键，直接关系到系统的输出电能质量和运行效率。并网逆变器与离网逆变器不同之处在于，它不仅可将太阳能电池方阵发出的直流电转换为交流电，而且还可以对转换的交流电的频率、电压、电流、相位、有功功率和无功功率、同步、电能品质（电压波动、高次谐波）等进行控制。对电网的跟踪控制是这个逆变系统的控制核心。

5.4.1　SPWM 控制技术

采样控制理论中有一个重要结论是冲量相等而形状不同的窄脉冲加在具有惯性的环节上时，其效果基本相同，如图 5-11 所示。PWM 控制技术就是以该结论为理论基础，对半导体开关器件的导通和关断进行控制，使输出端得到一系列幅值相等而宽度不相等的脉冲，用这些脉冲来代替正弦波或其他所需要的波形。按一定的规则对各脉冲的宽度进行调制，既可改变逆变电路输出电压的大小，也可以改变输出频率。

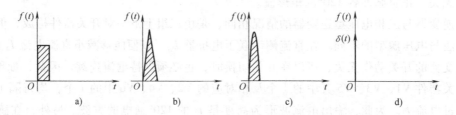

图 5-11　形状不同而冲量相同的各种窄脉冲
a) 矩形脉冲　b) 三角形脉冲　c) 正弦半波脉冲　d) 单位脉冲函数

如果把一个正弦半波分成 N 等份，然后把每一等份的正弦曲线与横轴包围的面积，用与它等面积的等高而不等宽的矩形脉冲代替，矩形脉冲的中点与正弦波每一等份的中点重合。根据冲量相等，效果相同的原理，这样的一系列的矩形脉冲与正弦半波是等效的，对于正弦波的负半周也可以用同样的方法得到 PWM 波形。像这样的脉冲宽度按正弦规律变化而又和正弦波等效的 PWM 波形就是 SPWM 波，如图 5-12 所示。

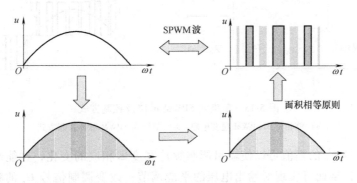

图 5-12　SPWM 波形

以正弦波作为逆变器输出的期望波形，以频率比期望波形高得多的等腰三角形波作为载波，并用频率和期望波形相同的正弦波作为调制波，当调制波与载波相交时，由它们的交点确定逆变器开关器件的通断时刻，从而获得在正弦调制波的半个周期内呈两边窄中间宽的一系列等幅不等宽的矩形波。

从调制脉冲的极性上看，SPWM 波形可以分为单极式和双极式两种。两种控制方式调制方法相同，输出基本电压的大小和频率也都是通过改变正弦参考信号的幅值和频率而改变的，只是功率开关器件通断的情况不一样。采用单极式控制时，正弦波的半个周期内每相只有一个开关器件开通或关断，而双极式控制时逆变器同一桥臂上下两个开关器件交替通断，处于互补工作方式，双极式比单极式调制输出的电流变化率大，外界干扰强。

1. 单极式 SPWM 控制

载波比：载波频率 f_c 与调制信号频率 f_r 之比，$N = f_c / f_r$

调制比：正弦波幅值与三角波幅值比值称为调制比：$M = U_{rm} / U_{cm}$

在调制波的半个周期内，三角载波只在一个方向变化，调制得到的 SPWM 波形也只在一个方向变化，这种控制方式称为单极性 SPWM 控制方式。

单相桥式 SPWM 逆变电路如图 5-13a 所示，电路采用图 5-13b 所示的单极式 SPWM 脉冲控制方式。载波信号 U_c 在信号波正半周为正极性的三角形波，在负半周为负极性的三角形波，调制信号 U_r 和载波 U_c 的交点时刻控制逆变器开关器件的通断。

在 U_r 的正半周，V1 保持导通，V3 保持关断，V2 和 V4 交替通断。当 $U_r > U_c$ 时，使 V4 导通，V2 关断，负载电压 $U_o = U_d$；当 $U_r \leqslant U_c$ 时，使 V4 关断，V2 导通，负载电压 $U_o = 0$。负载电压 U_o 可得 U_d 和零两种电平。

在 U_r 的负半周，T3 保持导通，V1 保持关断，V2 和 V4 交替通断。当 $U_r < U_c$ 时，使 V2 导通，V4 关断，负载电压 $U_o = -U_d$；当 $U_r \geqslant U_c$ 时，使 V4 导通，V2 关断，负载电压 $U_o = 0$。负载电压 U_o 可得 $-U_d$ 和零两种电平。

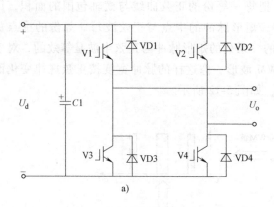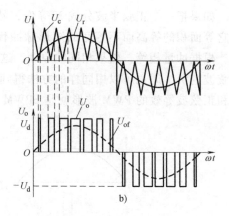

图 5-13　单极式 SPWM 电路及控制方式

a）单相桥式 SPWM 逆变电路　b）单极式 SPWM 脉冲控制方式

调节调制信号 U_r 的幅值可以使输出调制脉冲宽度做相应的变化，这能改变逆变器输出电压的基波幅值，从而可实现对输出电压的平滑调节；改变调制信号 U_r 的频率则可以改变输出电压的频率。

2. 双极式 SPWM 控制方式

在调制波的半个周期内，三角形载波是正负两个方向变化，所得到的 SPWM 波形也是在正负两个方向变化，这种控制方式称为双极性 SPWM 控制方式。单相桥式 SPWM 逆变主电路如图 5-14a 所示，同样的电路采用双极式 SPWM 脉冲控制方式波形如图 5-14b 所示。

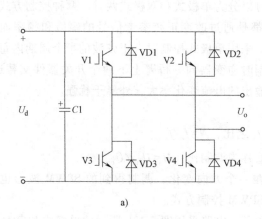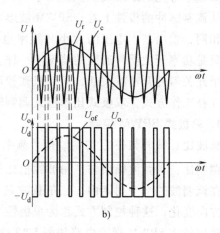

图 5-14　双极式 SPWM 电路及控制方式

a）单相桥式 SPWM 逆变电路　b）双极式 SPWM 脉冲控制方式

在 U_r 的正负半周内，在调制信号 U_r 和载波信号 U_c 的交点时刻控制各开关器件的通断。当 $U_r > U_c$ 时，使晶体管 V1、V4 导通，使 V2、V3 关断，此时，$U_o = U_d$；当 $U_r < U_c$ 时，使晶体管 V2、V3 导通，使 V1、V4 关断，此时，$U_o = -U_d$。

在 U_r 的一个周期内，PWM 输出只有 $\pm U_d$ 两种电平。逆变电路同一相上下两臂的驱动信号是互补的。在实际应用时，为了防止上下两个桥臂同时导通而造成短路，在给一个臂施加关断信号后，再延迟 Δt 时间，再给另一个臂施加导通信号。延迟时间的长短取决于功率开关器件的关断时间。需要指出的是，这个延迟时间将会给输出的电压波形带来不利影响，使其偏离正弦波。

5.4.2 孤岛效应

1. 孤岛效应的概念

依据 IEEE Std 929—2000 和 UL1741 标准，所有并网逆变器必须具有防孤岛效应的功能。孤岛效应是指当电网因故障事故或停电检修而断电情况下，各个用户端的太阳能并网发电系统未能及时检测出停电状态而将自身切离市电，形成由太阳能并网发电系统和周围负载形成的一个电力公司无法掌握的自给供电孤岛，如图 5-15 所示。

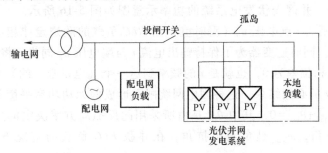

图 5-15 孤岛效应示意图

2. 孤岛效应的危害

一般来说，孤岛效应可能对整个配电系统设备及用户端的设备造成不利的影响，包括：危害电力维修人员的生命安全；影响配电系统上的保护开关动作程序；孤岛区域所发生的供电电压与频率的不稳定性会对用电设备带来破坏；当供电恢复时造成的电压相位不同步将会产生浪涌电流，可能会引起再次跳闸或对光伏系统、负载和供电系统带来损坏；并网光伏发电系统因单相供电而造成系统三相负载的缺相供电问题。由此可见，作为一个安全可靠的并网逆变装置，必须能及时检测出孤岛效应并避免其所带来的危害。从用电安全和电能质量来考虑，孤岛效应是不允许出现的。孤岛效应发生时必须快速、准确地切断并网逆变器。

3. 孤岛效应发生的条件

并网光伏发电系统由光伏阵列和逆变器组成，该发电系统通常通过一台变压器和断路器 QF 连接到电网。当电网正常运行时，假设逆变器工作于单位功率因数正弦波控制模式，并且局部负载用并联 RLC 电路表示。当电网正常运行时，逆变器向负载提供的有功功率 P 和无功功率 Q，电网向负载提供的有功功率 ΔP、无功功率 ΔQ，负载需求的有功功率 P_{load}、无功功率 Q_{load}，则节点 a 处的功率为

$$\begin{cases} P_{\text{load}} = P + \Delta P \\ Q_{\text{load}} = Q + \Delta Q \end{cases} \tag{5-27}$$

由式（5-27）可以看出，如果逆变器提供的功率与负载需求的功率相匹配，即 $P_{\text{load}} = P$、$Q_{\text{load}} = Q$，那么当线路维修或故障而导致网侧断路器 QF 断开时，公共节点 a 点电压和频率的变化不大，逆变器将继续向负载供电，形成由并网光伏发电系统和周围负载构成的一

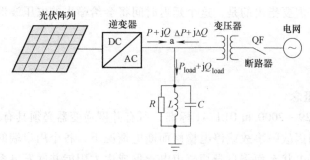

图 5-16　并网光伏发电系统的功率示意图

个自给供电的孤岛，并网光伏发电系统的功率示意图如图 5-16 所示。

孤岛系统形成后，a 点电压 u_a（瞬时值）由 RLC 负载的欧姆定律相应确定，并受逆变器控制系统的监控。同时逆变器为了保持输出电流 i 与端电压 u_a 同步，将驱使 i 的频率改变直到 i 与 u_a 之间的相位差为 0，也就是 i 的频率到达一个（也是唯一的）稳态值即负载的谐振频率 f_o，$Q_{load}=Q$ 的必然结果，这种因电网跳闸而形成的无功功率平衡关系可用相位平衡关系来描述，即 $\varphi_{load}+\theta_{inv}=0$，其中 θ_{inv} 是由所采用的反孤岛方案决定的逆变器输出电流超前于端电压的相位角，φ_{load} 是负载阻抗角，在并联 RLC 负载的情况下，$\varphi_{load}=\arctan[R((\omega L)^{-1}-\omega C)]$。

因此孤岛效应发生的充要条件是：

1）并网光伏发电装置提供的有功功率与负载的有功功率相匹配。

2）并网光伏发电装置提供的无功功率与负载的无功功率相匹配，即满足相位平衡关系：$\varphi_{load}+\theta_{inv}=0$。

4. 孤岛效应的检测方法

彻底解决电源和负载完全匹配状态下非计划孤岛的发生，比较有效解决办法是使用带有防孤岛保护程序的逆变器，该逆变器能在失去公共电网控制的情况下测量有效参数或能主动使孤岛失去平衡。

孤岛效应的检测方法一般分为两类，即被动检测法和主动检测法。

被动检测法利用电网断电时逆变器输出端电压、频率、相位或谐波的变化进行孤岛效应检测。但当光伏系统输出功率与局部负载功率平衡，则被动检测法将失去孤岛效应检测能力，存在较大的非检测区域（Non-Detection Zone，NDZ）。并网逆变器的被动检测法不需要增加硬件电路，也不需要单独的保护继电器。

（1）被动检测法

1）过/欠电压和高/低频率检测法。过/欠电压和高/低频率检测法是在公共耦合点的电压幅值和频率超过正常范围时，停止逆变器并网运行的一种检测方法。逆变器工作时，电压、频率的工作范围要合理设置，允许电网电压和频率的正常波动，一般对 220V/50Hz 电网，电压和频率的工作范围分别为 $194V \leqslant U \leqslant 242V$、$49.5Hz \leqslant f \leqslant 50.5Hz$。如果电压或频率偏移达到孤岛检测设定阈值，则可检测到孤岛发生。然而当逆变器所带的本地负载与其输出功率接近于匹配时，则电压和频率的偏移将非常小甚至为零，因此该方法存在非检测区。这种方法的经济性较好，但由于非检测区较大，所以单独使用过/欠电压和高/低频率孤岛检测是不够的。

2）电压谐波检测法。电压谐波检测法（Harmonic Detection）通过检测并网逆变器的输出电压的总谐波失真（Total Harmonic Distortion，THD）是否越限来防止孤岛现象的发生，这种方法依据的是工作分支电网功率变压器的非线性原理。如图5-16所示，发电系统并网工作时，其输出电流谐波将通过公共耦合点a点流入电网。由于电网的网络阻抗很小，因此a点电压的总谐波畸变率通常较低，一般此时U_a的THD总是低于阈值（一般要求并网逆变器的THD小于额定电流的5%）。当电网断开时，由于负载阻抗通常要比电网阻抗大得多，因此a点电压（谐波电流与负载阻抗的乘积）将产生很大的谐波，通过检测电压谐波或谐波的变化就能有效地检测到孤岛效应的发生。但是在实际应用中，由于非线性负载等因素的存在，电网电压的谐波很大，谐波检测的动作阈值不容易确定，因此，该方法具有局限性。

3）电压相位突变检测法。电压相位突变检测法（Phase Jump Detection，PJD）是通过检测并网光伏逆变器的输出电压与电流的相位差变化来检测孤岛现象的发生。并网光伏发电系统并网运行时通常工作在单位功率因数模式，即并网光伏发电系统输出电流电压（电网电压）同频同相。当电网断开后，出现了并网光伏发电系统单独给负载供电的孤岛现象，此时，a点电压由输出电流I_o和负载阻抗Z所决定。由于锁相环的作用，I_o与a点电压仅仅在过零点发生同步，在过零点之间，I_o跟随系统内部的参考电流而不会发生突变，因此，对于非阻性负载，a点电压的相位将会发生突变，从而可以采用相位突变检测方法来判断孤岛现象是否发生。相位突变检测算法简单，易于实现，但当负载阻抗角接近零时，即负载近似呈阻性，由于所设阈值的限制，该方法失效。被动检测法一般实现起来比较简单，然而当并网逆变器的输出功率与局部电网负载的功率基本接近，导致局部电网的电压和频率变化很小时，被动检测法就会失效，此方法存在较大的非检测区。

主动检测法是指通过控制逆变器，使其输出功率、频率或相位存在一定的扰动。电网正常工作时，由于电网的平衡作用，检测不到这些扰动。一旦电网出现故障。逆变器输出的扰动将快速累积并超出允许范围，从而触发孤岛效应检测电路。该方法检测精度高，非检测区小，但是控制较复杂，且降低了逆变器输出电能的质量。目前并网逆变器的反孤岛策略都采用被动检测法与主动检测法相结合。

（2）主动检测法

1）频率偏移检测法。频率偏移检测法（Active Frequency Drift，AFD）是目前一种常见的主动扰动检测方法，采用主动式频移方案使其并网逆变器输出频率略微失真的电流，以形成一个连续改变频率的趋势，从而最终导致输出电压和电流超过频率保护的界限值，达到防止孤岛效应的目的。

2）滑模频率漂移检测法。滑模频率漂移检测法（Slip-Mode Frequency Shift，SMS）是一种主动式孤岛检测方法。它控制逆变器的输出电流，使其与公共点电压间存在一定的相位差，以其在电网失压后公共点的频率是否偏离正常范围而判别孤岛。正常情况下，逆变器相位角响应曲线设计在系统频率附近范围内，单位功率因数时逆变器相位角比RLC负载增加的快。当逆变器与配电网并联运行时，配电网通过提供固定的参考相位角和频率，使逆变器工作点稳定在工频。当孤岛形成后，如果逆变器输出电压频率有微小波动逆变器相位角响应曲线会使相位误差增加，到达一个新的稳定状态点。新状态点的频率必会超出OFR/UFR动作阈值，逆变器因频率误差而关闭。此检测方法实际是通过移相达到移频，与主动频率偏移法AFD一样有实现简单、无须额外硬件、孤岛检测可靠性高等优点，同样也有类似的弱点，即随着负载品质因数增加，孤岛检测失败的可能性变大。

3）周期电流干扰检测法。周期电流干扰检测法（Alternate Current Disturbances，ACD）是一种主动式孤岛检测法。对于电流源控制型的逆变器来说，每隔一定周期，减小并网光伏逆变器输出电流，则改变其输出有功功率。当逆变器并网运行时，其输出电压恒定为电网电压；当电网断电时，逆变器输出电压由负载决定。每到达电流扰动时刻，输出电流幅值改变，则负载上电压随之变化，当电压达到欠电压范围即可检测到孤岛发生。

4）频率突变检测法。频率突变检测法是对 AFD 的修改。它在输出电流波形（不是每个周期）中加入死区，频率按照预先设置的模式振动。例如，在第四个周期加入死区，正常情况下，逆变器电流引起频率突变，但是电网阻止其波动。孤岛形成后，通过对频率加入偏差，检测逆变器输出电压频率是否符合预先设定的振动模式来检测孤岛现象是否发生。这种检测方法的优点是如果振动模式足够成熟，使用单台逆变器工作时，防止孤岛现象的发生是有效的。但是在多台逆变器运行的情况下，如果频率偏移方向不相同，会降低孤岛检测的效率和有效性。

5.4.3 低电压穿越

低电压穿越（Low Voltage Ride Through，LVRT），最早是在风力发电系统中提出的，对于光伏发电系统是指当光伏电站并网点电压跌落的时候，光伏电站能够保持并网，甚至向电网提供一定的无功功率，支持电网恢复，直到电网电压恢复正常，从而穿越这个低电压区域。

LVRT 是对并网光伏电站在电网出现电压跌落时仍保持并网的一种特定的运行功能要求。一般情况下，对于小规模的分布式光伏发电系统来说，如果电网发生故障导致电压跌落时，光伏电站立即从电网切除，而不考虑故障持续时间和严重程度，这在光伏发电在电网的渗透率较低时是可以接受的。而当光伏发电系统大规模集中并网时，若光伏电站仍采取被动保护式解列则会导致有功功率大量减少，增加整个系统的恢复难度，甚至可能加剧故障，引起其他机组的解列，导致大规模停电。在这种情况下，低电压穿越能力非常有必要。

对专门适用于大型光伏电站的中高压型逆变器应具备一定的耐受异常电压的能力，避免在电网电压异常时脱离，引起电网电源的不稳定。我国 2011 年出版的国网公司企业标准《光伏电站接入电网技术规定》，对光伏发电系统低电压穿越提出如下要求，如图 5-17 所示：

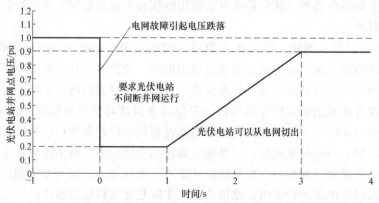

图 5-17　光伏发电站的低电压穿越能力要求（0.2pu 1s，3s）

1）光伏电站并网点电压跌至 20% 标称电压时，光伏发电站能够保证不脱网连续运行 1s。

2）光伏发电站并网点电压在发生跌落后3s内能够恢复到标称电压的90%时，光伏电站能够保证不间断并网运行。

习 题

一、填空题

1. 太阳能光伏发电系统是由光伏阵列、_____、蓄电池和_____四部分组成。

2. 整流器的功能是将交流电变换成为直流电，逆变器的功能是将直流变换成为_____，一般要求输出电压的基波_____和_____均能调节控制。

3. 逆变器依据输入侧直流电源的类型可分为_____和_____；依据逆变器输出电压或电流的波形可分为_____、阶梯波逆变器_____。

4. 光伏逆变器依据隔离方式可分为_____和_____；其中与电网相连并向电网输送电力的光伏发电系统所用的逆变器是_____。

5. 单相逆变器按其结构可分为_____、_____、推挽式逆变器和其他形式的逆变器。

6. 电压源型单相半桥逆变器的逆变电路中的 VD_1、VD_2 的功能是_____。

7. 电压源型单相全桥逆变器输出基波有效值 U_{o1} 为_____U_d；电压型单相半桥逆变器输出基波有效值 U_{o1} 为_____U_d。

8. 在 SPWM 调制中，_____频率_____频率之比称为载波比，在调制过程中载波比保持为常数称为同步调制。

9. 基本工作方式是_____导电方式，同一相（即同一半桥）上下两臂交替导电，各相开始导电的角度差_____，任一瞬间有三个桥臂同时导通。每次换流都是在同一相上下两臂之间进行，也称为_____。

10. 高频环节逆变技术与低频环节逆变技术主要的区别时用高频变压器替代替了低频环节逆变技术中的_____，克服了低频环节逆变技术的缺点，显著提高了逆变器特性。

11. 并网光伏逆变器可以分为_____、_____。

12. 孤岛效应的检测方法一般分为_____、_____。

二、选择题

1. 太阳能电池在阳光照射下产生直流电，由于大多民用电力为交流，然而以直流电形式供电的系统有很大的局限性，除特殊用户外，在光伏发电系统中都需要配备（   ）。

A. 蓄电池　　　　B. 控制器　　　　C. 逆变器　　　　D. 光伏电板

2. 若以单相桥式逆变电路为例来分析在光伏逆变器的工作原理，当改变两组开关的（   ），即可改变输出交流电的频率，这就是最基本的逆变电路工作原理。

A. 死区时间　　B. 切换频率　　C. 之间负载大小　　D. 导通电流

3. 太阳能光伏系统按照运行方式可分为独立太阳能光伏系统和并网太阳能光伏电系统与公共电网相连接且共同承担供电任务的太阳能光伏电站称为并网光伏电站，典型特征为不需要（   ）。

A. 蓄电池　　　　　B. 控制器　　　　　C. 逆变器　　　　　D. 光伏电板

4. 电压源型单相全桥逆变器输出基波有效值 U_{o1} 是电压型单相半桥逆变器输出基波有效值 U_{o1} 的（　　）倍。

A. 0.5　　　　　B. $\sqrt{2}$　　　　　C. 2　　　　　D. $\sqrt{3}$

5. 高频环节逆变电路是由蓄电池、滤波器、（　　）、整流器、工频或高频逆变器、负载等构成。

A. 高频变压器　　B. 工频变压器　　C. 低频变压器　　D. 逆变器

6. 并网逆变器区别于离网逆变器的一个重要特征是必须进行（　　）防护。

A. 扰动观测法　　B. 孤岛效应　　C. 隔离型　　D. 非隔离型

三、简答题

1. 简述光伏发电系统对逆变器的要求。

2. 画出单相全桥逆变电路原理图，简述其工作原理，分析其工作性能的优缺点。

3. 电压源型逆变电路中的反馈二极管作用是什么？

4. 试分析光伏发电系统中的逆变器控制中 PWM 控制的工作原理。

5. 在光伏发电系统中的逆变器控制中的单极式和双极式 PWM 调制有什么区别？

6. 高频环节逆变技术与低频环节逆变技术的区别？简述高频环节逆变技术分类。

7. 试分析独立太阳能光伏系统和并网太阳能光伏发电系统的区别及应用。

8. 试分析并网逆变技术中的并网逆变器逆变方式分类。

9. 画出电压型单相全桥单脉冲 PWM 控制逆变电路原理图，简述及工作原理。

10. 单相桥式逆变电路如图 5-3a 所示，逆变电路输出电压为方波，如图 5-3b 所示。已知 $U_d = 110V$，逆变频率 $f = 100Hz$。负载 $R = 10$，$L = 0.02H$，求：

（1）输出电压基波分量。

（2）输出电流基波分量。

11. 并网逆变器的基本控制要求是什么？

12. 什么是孤岛效应？

13. 引起孤岛效应的原因有哪些？

第6章 ◀◀◀◀◀◀

太阳能光伏发电系统的设计

光伏系统的设计包括两个方面：容量设计和硬件设计。

针对不同类型的光伏系统，容量设计的内容也不一样。独立系统和并网系统的设计方法和考虑重点都会有所不同。

在进行光伏系统的设计之前，需要了解并获取一些进行计算和选择必需的基本数据：光伏系统现场的地理位置，包括地点、纬度、经度和海拔；该地区的气象资料，包括每个月的太阳能总辐射量、直接辐射量以及散射辐射量，年平均气温和最高、最低气温，最长连续阴雨天数，最大风速以及冰雹、降雪等特殊天气情况等。

6.1 独立光伏发电系统的容量设计

6.1.1 独立光伏发电系统的容量设计步骤

独立光伏发电系统容量设计步骤如图 6-1 所示。

6.1.2 计算所需电量

计算系统负载的日耗电量 Q_1、系统的总功率、负载运行时间。日耗电量即每天负载所消耗的电能为 $W=Pt$（单位为 kW·h 或者 W·h）。系统负载日耗电量的计算示例见表 6-1。

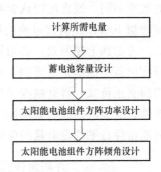

图 6-1 独立光伏发电系统容量设计步骤

表 6-1 系统负载日耗电量的计算示例

负载	负载功率/W	负载数量/个	合计功率/W	每日工作时间/h	每日耗电/(W·h)
通信基站	1180	1	1180	24	28320
合计			1180		28320

6.1.3 蓄电池容量设计

蓄电池的设计思想是保证在太阳光照连续低于平均值的情况下负载仍可以正常工作。

光伏系统中使用的蓄电池有镍氢、镍镉电池和铅酸蓄电池，但是在较大的系统中考虑到技术成熟性和成本等因素，通常使用铅酸蓄电池。在下面内容中涉及蓄电池没有特别说明指的都是铅酸蓄电池。

蓄电池的设计包括蓄电池容量的设计计算和蓄电池组的串、并联设计。计算蓄电池容量的基本方法详见 3.2.2 节。

6.1.4　太阳能电池方阵功率设计

计算太阳能电池方阵的基本方法是用负载日平均耗电量（Ah）除以选定的电池组件在一天中的平均发电量（A·h），计算出整个系统需要并联的光伏组件数量，见式（6-1）。这些组件的并联输出电流就是系统负载所需要的电流。

$$并联组件数量 = \frac{负载日平均耗电量}{组件日平均发电量} \qquad (6\text{-}1)$$

其中，组件日平均发电量=组件峰值工作电流（A）×峰值日照时数（h）。

再将系统的工作电压除以太阳能电池组件的峰值工作电压，计算出太阳能电池组件的串联数量。这些电池组件串联后就可以产生系统负载所需要的工作电压或蓄电池的充电电压，见式（6-2）。

$$串联组件数量 = \frac{系统工作电压}{组件峰值工作电压} \qquad (6\text{-}2)$$

在蓄电池的充放电过程中，铅酸蓄电池会电解水，产生气体逸出，这也就是说太阳能电池组件产生的电流中将有一部分不能被转化储存起来而是耗散掉了，所以可以认为必须有一小部分电流用来补偿损失，并用蓄电池的充电效率来评估这种电流损失。不同的蓄电池其充电效率不同，通常可以认为有 5%~10% 的损失，所以设计中有必要将太阳能电池组件的功率增加 10% 以抵消蓄电池的耗散损失。

考虑到上述因素，必须修正简单的太阳能电池组件设计公式，将每天的负载日平均耗电量除以蓄电池的充电效率，这样就增加了每天的负载，实际上给出了太阳能电池组件需要负担的真正负载；将衰减因子乘以太阳能电池组件的日平均发电量，这样就考虑了环境因素和组件自身衰减造成的太阳能电池组件日平均发电量的减少，给出了一个在实际情况下太阳能电池组件日平均发电量的保守估计值。综上可以得到公式（6-3）

$$并联组件数量 = \frac{负载日平均耗电量}{充电效率 \times (组件日平均发电量 \times 衰减因子)} \qquad (6\text{-}3)$$

例 6-1：一个偏远地区建设的光伏供电系统使用直流负载，负载为 24V，400A·h/d。该地区最低的光照辐射在一月份，如果采用 30° 的倾角，斜面上的平均日太阳辐射为 3.0kW·h/m²，相当于 3 个标准峰值小时（已知 75W 太阳能电池组件，峰值电压为 18V，峰值电流为4.17A）。

因此每天的输出为

组件日平均发电量 = 3.0×4.17A·h/d = 12.51A·h/d

假设蓄电池的充电效率为 90%，太阳能电池组件的输出衰减为 10%，根据计算太阳能电池方阵数量的公式（6-3）得

$$并联组件数量 = \frac{负载日平均耗电量}{充电效率 \times (组件日平均发电量 \times 衰减因子)} = \frac{400}{0.9 \times (12.51 \times 0.9)} \approx 39.5$$

$$串联组件数量 = \frac{系统工作电压}{组件峰值电压} = \frac{24}{18} \approx 1.33$$

根据以上计算数据，可以选择并联组件数量为 40，串联组件数量为 2，所需的太阳能电

池组件数为

总的太阳能电池组件数＝串联组件数量×并联组件数量：$2×40＝80$

校核设计太阳能电池方阵给蓄电池的充电率。在太阳辐射处于峰值时，太阳能电池方阵对于蓄电池的充电率不能太大，否则会损害蓄电池。蓄电池生产商将提供指定型号蓄电池的最大充电率，计算值必须小于该最大充电率。式（6-4）为最大的充电率的校核公式。

$$最大充电率＝\frac{设计蓄电池总容量}{设计光伏组件的峰值电流}＝\frac{并联蓄电池数×单个蓄电池容量}{并联光伏组件数×组件峰值电流} \qquad (6-4)$$

由例 6-1 计算结果得，光伏供电系统使用了 75W 太阳能电池组件 80 块，工作电压 24V，配备 4000A·h 的蓄电池。最大充电率为

$$最大充电率＝4000A·h/(40×4.4)A≈23h$$

将计算值和蓄电池生产商提供的该设计选用型号蓄电池的最大充电率进行比较，如果计算值较小，则设计安全，太阳能电池方阵对蓄电池进行充电时不会损坏蓄电池；如果计算值较大，则设计不合格，需要重新进行设计。

6.1.5　太阳能电池方阵倾角设计

在光伏供电系统的设计中，太阳能电池方阵的放置形式和放置角度对光伏系统接收到的太阳辐射有很大的影响，从而影响到光伏供电系统的发电能力。太阳能电池方阵的放置形式有固定安装式和自动跟踪式两种形式，其中自动跟踪装置包括单轴跟踪装置和双轴跟踪装置。由于跟踪装置比较复杂，初始成本和维护成本较高，安装跟踪装置获得额外的太阳能辐射产生的效益无法抵消安装该系统所需要的成本，所以下面主要讲述采用固定安装式光伏系统。

与太阳能电池方阵放置相关的两个角度参量为太阳能电池组件倾角和太阳能电池组件方位角。太阳能电池组件的倾角是太阳能电池组件平面与水平地面的夹角。太阳能电池方阵的方位角是方阵的垂直面与正南方向的夹角（向东偏设定为负角度，向西偏设定为正角度）。一般在北半球，太阳能电池组件朝向正南（方阵垂直面与正南的夹角为 0°）时，太阳能电池组件的发电量是最大的。

地面应用的独立光伏发电系统，太阳能电池方阵平面要朝向赤道，相对地平面有一定倾角。倾角不同，各个月份方阵面接收到的太阳辐射量差别很大。因此，确定方阵的最佳倾角是光伏发电系统设计中不可缺少的重要环节。选择了最佳倾角后，太阳能电池方阵面上的冬夏季辐射量之差就会变小，蓄电池的容量相应可以减少，系统造价会降低，设计也更为合理。还可以利用计算机进行倾角优化设计，要求在最佳倾角时冬夏季辐射量之差尽可能小，而全年总辐射量尽可能大。利用计算机计算的我国部分主要城市的最佳倾角见表 6-2，同时也可以根据当地纬度（见表 6-3）粗略确定太阳能电池方阵的倾角。

表 6-2　我国部分主要城市的最佳倾角

城市	纬度/°	最佳倾角
哈尔滨	45	纬度+3°
长春	43	纬度+1°
沈阳	41	纬度+1°

（续）

城市	纬度/°	最佳倾角
北京	39	纬度+4°
天津	39	纬度+5°
呼和浩特	40	纬度+3°
太原	37	纬度+5°
乌鲁木齐	43	纬度+12°
西宁	36	纬度+1°
兰州	36	纬度+8°
银川	38	纬度+2°
西安	34	纬度+14°
上海	31	纬度+3°
南京	32	纬度+5°
合肥	31	纬度+9°
杭州	30	纬度+3°
南昌	28	纬度+2°
福州	26	纬度+4°
济南	36	纬度+6°
郑州	34	纬度+7°
武汉	30	纬度+7°
长沙	28	纬度+6°
广州	23	纬度−7°
海口	20	纬度+12°
南宁	22	纬度+5°
成都	30	纬度+2°
贵阳	26	纬度+8°
昆明	25	纬度−8°
拉萨	29	纬度8°

表 6-3　当地纬度与固定太阳能电池方阵倾角的粗略关系

纬度	太阳能电池方阵倾角
0°~25°	等于纬度
26°~40°	纬度+(5°~10°)
41°~55°	纬度+(10°~15°)
>55°	纬度+(15°~20°)

6.1.6　有关太阳能辐射能量的换算

在计算中，有时还需要将辐射能量换算成峰值日照时数，即当辐射量的单位为兆焦/米^2

（MJ/m^2）时，且一年按 365 天计，则

$$峰值日照时数 = \frac{全年峰值日照小时数}{365} = \frac{辐射量}{换算系数 \times 365}$$

其中，换算系数的值为 3.6。

6.2 并网光伏发电系统容量设计

首先介绍确定并网光伏系统最佳倾角的方法。

并网光伏发电系统有着与独立光伏系统不同的特点，在有太阳光照射时，光伏供电系统向电网发电，而在阴雨天或夜晚光伏发电系统不能满足负载需要时又从电网买电。这样就不存在因倾角的选择不当而造成夏季发电量浪费、冬季对负载供电不足的问题。在并网光伏系统中唯一需要关心的问题就是如何选择最佳的倾角使太阳能电池组件全年的发电量最大，通常该倾角值为当地的纬度值。

对于上述并网光伏系统的任何一种形式，最佳倾角的选择都是需要根据实际情况进行考虑，需要考虑太阳能电池组件安装地点的限制，尤其对于现在发展迅速的光伏建筑一体化（BIPV）工程，组件倾角的选择还要考虑建筑的美观度，需要根据实际需要对倾角进行小范围的调整，而且这种调整不会导致太阳辐射吸收的大幅降低。对于纯并网光伏系统，系统中没有使用蓄电池，太阳能电池组件产生的电能直接并入电网，系统直接给电网提供电力。因此系统一般不存在蓄电池容量的设计问题。光伏系统的规模取决于投资大小。

并网光伏发电系统容量的设计与计算，注重考虑的应该是太阳能电池方阵在有效占用面积里，实现全年发电量的最大化，可以通过负载耗电量计算出太阳能电池方阵的占地面积，确定出太阳能电池方阵的容量。

$$太阳能电池方阵面积 = \frac{年耗电总量}{当地年总辐射能 \times 电池组件转换效率 \times 修正系数} \quad (6\text{-}5)$$

式中，电池组件转换效率，单晶硅组件取 13%，多晶硅组件取 11%。

$$修正系数 = K_1 K_2 K_3 K_4 K_5$$

K_1 为太阳能电池长期运行性能衰减系数，一般取 0.8；K_2 为灰尘遮挡玻璃及温度升高造成组件功率下降修正，一般取 0.82；K_3 为线路损耗修正，一般取 0.95；K_4 为逆变器效率，一般取 0.85，也可根据逆变器生产商提供的技术参数确定；K_5 为太阳能电池方阵朝向及倾角修正系数，具体参数见表 6-4。

表 6-4 太阳能电池方阵朝向与倾角修正系数

太阳能电池方阵朝向	太阳能电池方阵与地面的倾角			
	0°	30°	60°	90°
东	93%	90%	78%	55%
东南	93%	96%	88%	66%
南	93%	100%	91%	68%
西南	93%	96%	88%	66%
西	93%	90%	78%	55%

例 6-2：某住户有家用电器、计算机及照明灯，日耗电量统计见表 6-5，住户房屋朝向正南，屋顶倾斜角 30°，当地年太阳能辐射总量为 6498MJ/m²，换算后为 1805kW·h/m²，计划选用单晶硅电池组件，求该方阵面积，并确定电池组件规格尺寸和容量。

表 6-5 用户日耗电量统计表

序号	负载名称	负载功率/W	数量/台	合计功率/W	每日工作时间/h	每日耗电量/W·h
1	电视机	120	1	120	4	480
2	计算机	300	1	300	3	900
3	电冰箱	95	1	95	12	1140
4	照明灯	15	5	75	3	225
5	微波炉	900	1	900	0.1	90
6	数字机顶盒	28	1	28	4	112
合计				1518		2947

根据上表统计的日耗电量，考虑增加 5% 的预期负载余量，按全年 365 天用电计算年耗电量 P_h：

$$P_h = 2947 \times 1.05 \times 365 \div 1000 kW \cdot h = 1129 kW \cdot h$$

$$太阳能电池方阵面积 = \frac{1129}{1805 \times 0.13 \times 0.8 \times 0.82 \times 0.95 \times 0.85} m^2 \approx 9.1 m^2$$

根据住户屋顶面积及长宽形状，拟选择规格尺寸为 1200mm×550mm 的单晶硅太阳能电池组件 16 块，4 块串联 4 块并联，每块输出峰值功率为 85W，总功率为 85×16 = 1360W。

占用面积为 $1.2 \times 0.55 \times 16 m^2 = 10.56 m^2$，符合设计要求。

当考虑到防灾等特殊情况时，采用具有 UPS 功能的并网光伏系统，这种系统使用了蓄电池，所以在停电的时候，可以利用蓄电池给负载供电，还可以减少停电对电网造成的冲击。系统蓄电池的容量可以选择比较小的，因为蓄电池只是在电网故障的时候供电，考虑到实际电网的供电可靠性，蓄电池的自给天数可以选择 1~2 天；该系统通常使用双向逆变器处于并行工作模式，将市电和太阳能电源并行工作。如果太阳能电池组件产生的电能足够负载使用，在给负载供电的同时将多余的电能反馈给电网；如果太阳能电池组件产生的电能不够用，则将自动启用市电给本地负载供电，市电还可以自动给蓄电池充电，保证蓄电池长期处于浮充状态，延长蓄电池的使用寿命；如果市电发生故障，即市电停电或者是市电供电品质不合格，电压超出负载可接受的范围，系统就会自动从市电断开，转成独立工作模式，由蓄电池和逆变器给负载供电。一旦市电恢复正常，即电压和频率都恢复到允许的正常状态以内，系统就会断开蓄电池，转成并网模式工作。

除了上述系统外，还有并网光伏混合系统。它不仅使用太阳能光伏发电，还使用其他能源形式，比如风力发电机、柴油机等。这样可以进一步的提高负载保障率。系统是否使用蓄电池，要据实际情况而定。太阳能电池组件的容量同样取决于客户的投资规模。

6.3 光伏发电系统的硬件设计

光伏系统设计中除了蓄电池容量和太阳能电池组件大小设计之外，还要考虑如何选择合适的系统设备，即如何选择合乎系统需要的太阳能电池组件、蓄电池、逆变器（带有交流负载的系统）、控制器、电缆、汇线盒、组件支架、柴油机/汽油机（光伏油机混合系统）、风力发电机（风光互补系统）。对于大型太阳能光伏供电站，还包括输配电工程部件如变压器、避雷器、负载开关、断路器、交直流配电柜，以及系统的基础建设、控制机房的建设和输配电建设等问题。

上述各种设备的选取需要综合考虑系统所在地的实际情况、系统的规模、客户的要求等因素。在此只对太阳能电池组件、蓄电池、逆变器、控制器的选型做简单介绍。

1. 太阳能电池方阵的选型

在 6.1.4 节太阳能电池方阵功率设计中，虽然根据负载耗电量计算出电池组件方阵总的功率，确定了太阳能电池的串、并联数量，但是还需要根据太阳能电池的具体安装位置来确定电池组件的形状及外形尺寸，以及整个方阵的整体排列等。

2. 控制器的选型

控制器要根据系统功率、系统直流工作电压、电池方阵输入路数、蓄电池组数、负载状况以及用户的特殊要求等确定其类型。选择控制器时要特别注意其额定工作电流必须同时大于太阳能电池组件方阵的短路电流和负载的最大工作电流。

3. 逆变器的选型

逆变器一般根据光伏发电系统设计确定的直流电压来选择其直流输入电压，根据负载的类型来确定其功率和相数，根据负载的冲击性决定其功率余量。逆变器的持续功率应该大于负载的功率，负载的起动功率要小于逆变器的最大冲击功率。

独立光伏发电系统中，系统直流电压的选择应根据负载的要求而定。负载电压要求越高系统电压也应尽量高，这样可以使系统直流电路部分的电流变小，从而减小系统损耗。

并网光伏发电系统中，逆变器的输入电压是每块太阳能电池组件峰值输出电压或开路电压的整数倍，并且在工作时，系统工作电压会随着太阳能辐射强度随时变化，因此并网型逆变器的输入直流电压有一定的输入范围。

4. 蓄电池的选型

蓄电池的选型一般是根据光伏发电系统设计和计算出的结果，来确定蓄电池或蓄电池组的电压和容量，选择合适的蓄电池种类及规格型号，再确定其数量和串、并联连接方式等。为了使逆变器能够正常工作，同时为了给负载提供足够的能量，必须选择容量合适的蓄电池组，使其能够提供足够大的冲击电流来满足逆变器的需要，以应付一些冲击性负载，例如电冰箱、水泵和电动机等在起动瞬间产生的冲击电流。

6.4　光伏发电系统的软件设计

在进行光伏系统设计时，可以通过软件来辅助设计。如果使用得当，能大大减少计算量，节约时间，提高效率和准确度。例如，我们获得的气象数据中太阳辐照度一般情况下都是气象站记录的水平面上的数值，而进行光伏系统设计还需要特定倾角的数值，这样的转化一般计算相对复杂。而借助软件只需要输入方位角或者倾角就能很快看到系统结构的变化，十分方便有效。

现在国际上比较常用的系统设计软件大约有十多种，如壳牌太阳能的 PV Designer、德国 Gerhard Valentin 博士开发的 PV ∗ SOL、加拿大的 RETSCREEN、瑞士的 PVSYST 等，主要集中在美国、德国、日本几个光伏产业比较先进发达的国家，其他国家很少开发。日本的软件普遍可视化程度高、界面友好、操作方便，可以说是将相对复杂的光伏系统设计做得简单、有趣、生动。德国的软件则功能齐全，比较注重实用性。美国的设计软件其特点是气象数据库比较丰富（如 NASA 的数据库非常全面）。光伏系统设计人员可以结合实际的需要进行选择。

下面简单介绍一下瑞士的 PVSYST 设计软件。PVSYST 软件可以依据不同的太阳能系统（独立运转型、并联市电型等）以及太阳能电池（单晶硅、多晶硅、厂牌、型号等），分别设定环境参数。如日射量、温度、经纬度及建筑物相对高度等，以计算出太阳能电池的发电总量。主要功能与相关设定界面如下所述。

1. 工程项目信息确定

软件启动后在"Option"下方单击"Project design（工程设计）"按钮，"System"下方单击"Grid-Connected（并网）"按钮，再单击下方的"OK"按钮，如图 6-2 所示，进入到如图 6-3 所示的工程设计界面。

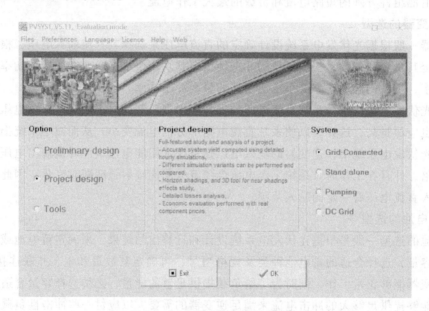

图 6-2　工程类型及系统信息确定

（1）并网光伏发电系统项目信息栏　单击如图 6-3 所示右侧的"Project（项目）"按钮，弹出如图 6-4 所示的项目信息栏界面，显示项目所在地上海市。

（2）并网光伏发电系统地理位置　单击如图 6-4 所示右下方的"Next（Location）"按钮，可以查看项目所在地上海市的地理位置参数，如图 6-5 所示。

（3）并网光伏发电系统气象信息　单击图6-5所示的右下方"Next"按钮，弹出如图 6-6 所示的界面，可以查看当地的气象信息。

（4）并网光伏发电系统辐射度　单击如图6-6所示的右下方"Next"按钮，弹出如图 6-7 所示的界面，可以查看当地不同月份的风速、温度、辐射度等气象信息。

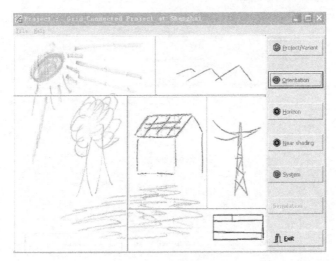

图 6-3　工程设计界面

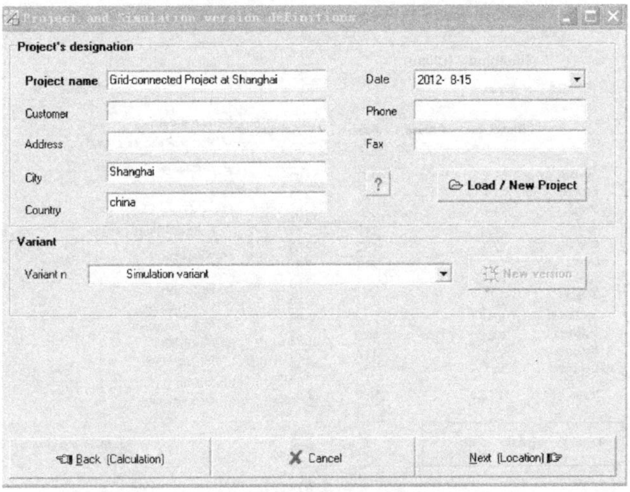

图 6-4　并网光伏发电系统项目信息栏

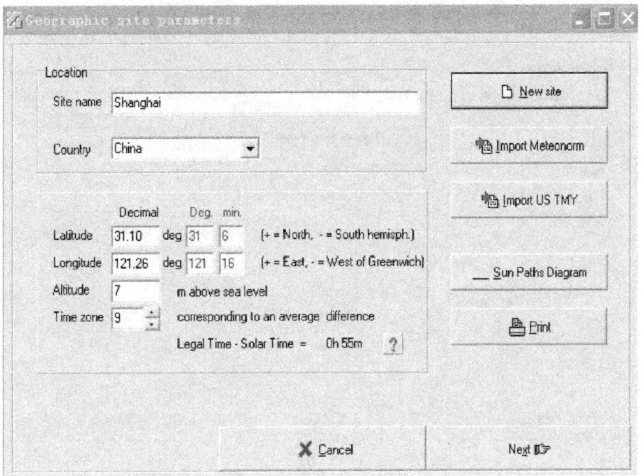

图 6-5　并网光伏发电系统地理位置

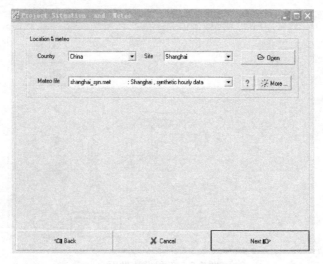

图 6-6　并网光伏发电系统气象信息

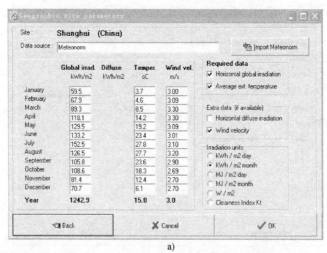

a)

b)

图 6-7　并网光伏发电系统辐射度

2. 光伏阵列设置参数设定

（1）设定光伏阵列设置场合、参数　单击如图 6-3 所示右侧的"Orientation（项目）"按钮，弹出如图 6-8 所示的光伏阵列设置场合、参数设定界面。

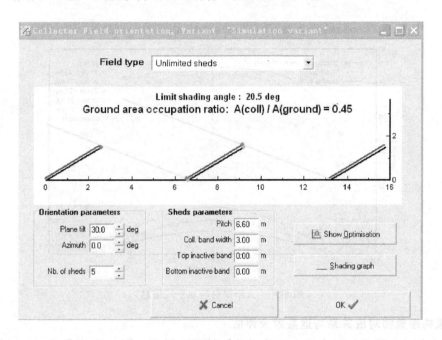

图 6-8　光伏阵列设置场合、参数设定

（2）光伏阵列遮光损失曲线图　单击如图 6-8 所示右下方的"Shading graph"按钮，弹出如图 6-9 所示的光伏阵列遮光损失曲线图。

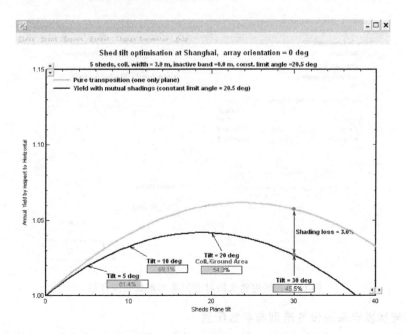

图 6-9　光伏阵列遮光损失曲线图

（3）太阳照射与地平线信息 单击如图 6-3 所示右侧的"Horizon（地平线）"按钮，弹出如图 6-10 所示的太阳照射与地平线信息图。

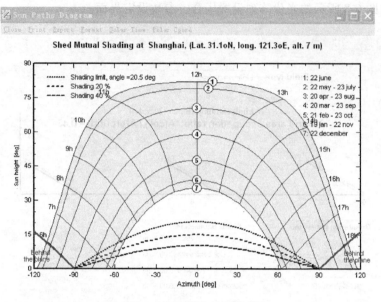

图 6-10 太阳照射与地平线信息

3. 架构建筑物对应关系与遮蔽效应评估

单击如图 6-3 所示右侧的"Near Shading"按钮，弹出如图 6-11 所示的架构建筑物对应关系与遮蔽效应评估图。

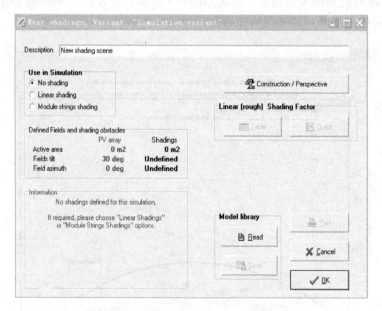

图 6-11 架构建筑物对应关系与遮蔽效应评估

4. 并网光伏发电系统设备选型与参数配置

单击如图 6-3 所示右侧的"System"按钮，弹出如图 6-12 所示的并网光伏发电系统设备选型与参数配置图。

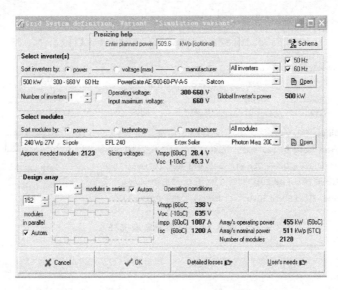

图 6-12 并网光伏发电系统设备选型与参数配置

5. 计算模拟系统发电量

（1）报告内容选定 单击如图 6-3 所示右侧的"Simulation"按钮，弹出如图 6-13 所示的仿真报告内容选定界面。

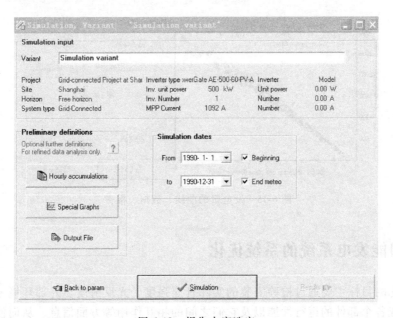

图 6-13 报告内容选定

（2）按每小时/天/月显示选择 单击如图 6-13 所示"Simulation"按钮，弹出如图 6-14 所示的按日显示选择仿真结果界面。

（3）发电量的曲线、数据、报告等 单击如图 6-14 所示的"Continue"按钮，进入到曲线、数据、报告界面，如图 6-15 所示。

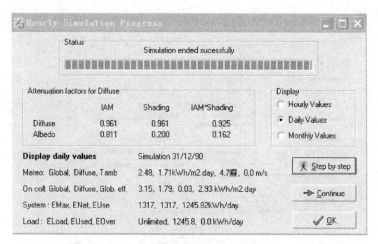

图 6-14　按每天显示选择

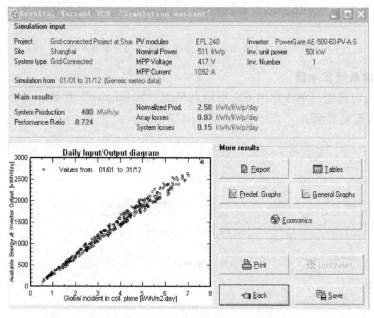

图 6-15　发电量的曲线、数据、报告

6.5　太阳能发电系统的系统优化

　　系统优化的目标主要通过检验安装的实际日照强度、光反射度、外部环境温度、风力和光伏发电系统各个部件的运行性能以及它们之间的相互作用等方面信息，从而使光伏发电系统所发电量最大。

1. 优化太阳能电池入射光照强度

　　（1）追踪太阳法　追踪太阳的轨迹可以明显增强太阳能电池的日照强度，太阳发电量可增加 10%～30%。尤其是在夏天可增加高达 25%～30%，冬天略有增加。为了更好地追踪太阳的轨迹，不但要知道太阳的高度角和方位角，还要知道太阳运行的轨迹，这就要求追踪装置以固定的倾角从东向西跟踪太阳的轨迹。双轴追踪装置比单轴追踪装置好，因为双轴追踪装置可以随着太阳轨迹的季节性升高而变化。为了降低成本提高效率，可以采用人工跟踪，每天每隔 2~3h，对着太阳进行调节。

（2）减少光反射法　由于太阳入射角大，位置高，辐照度也大；反之入射角小，辐射度也小。最好使光线垂直入射，从而可以避免反射损失。然而，固定安装的光伏发电系统，光线基本上无法垂直入射，因此反射损失是无法避免的。低纬度地区，反射损失能可高达35%~45%。为了降低材料的反射率，提高吸收率，可以在材料的吸热体上制备一层黑色涂层。反射损失也可以通过其他改变太阳能电池表面属性的方法，去更好地匹配入射光线的折射系数。

（3）腐蚀太阳能电池表面　目前企业有意将太阳能电池表面进行腐蚀，即有意让太阳能电池表面凹凸不平，使光线通过临近的相对侧面发生反射，重新入射至太阳能电池表面，从而减少电池表面的反射光散失。

（4）选择安装结构　入射角过小，辐射度也相应变小，太阳利用率不高，但选择合适的安装结构（如 V 形安装结构），就能将无效入射光偏移到有效使用区。

2. 替换建筑材料

利用太阳能电池作为墙面发电，成本比较高，因为太阳能电池墙面除了日照强度较低（因为它不可能追踪太阳）外，反射损耗也很大。在接近赤道地区，太阳入射角很高，反射损耗达到入射日照强度的42%，但是，使用太阳能阳面墙比传统墙面加屋顶安装太阳能电池的做法，更节约成本。

3. 直流-交流转换，并网设备

可以从成本收益的角度选择各种不同的方案（例如级联型逆变器、String 逆变器、集成逆变器模块）。

习　题

1. 太阳能发电系统的设计需要考虑哪些因素？

2. 在某一地区（由学生任意选择一地区，如学生所在学校或出生地）某一住所，采用5 支 40W 的灯每天使用时间 4h，一台电冰箱 200W，每天使用时间为 12h；一台计算机300W，每天使用 3h，问如何采用太阳能光伏系统供电？（一般保证使用时间为 5 天。）

第7章 ◀◀◀◀◀◀

光伏发电技术实验及实训

太阳能发电实训平台主要由光伏发电装置、光伏供电系统、逆变与负载系统、监控系统组成。

7.1 安装太阳能电池方阵

7.1.1 实训的目的和要求

1. 实训的目的

1）了解单晶硅太阳能电池单体的工作原理。

2）掌握太阳能电池方阵的安装方法。

2. 实训的要求

1）在室外自然光照射的情况下，用万用表测量太阳能电池组件的开路电压，了解太阳能电池的输出电压值。

2）在室外自然光照条件下和在室内灯光的情况下，用万用表测量太阳能电池方阵的开路电压，分析太阳能电池方阵在室内外光照条件下开路电压产生区别的原因。

7.1.2 实训内容

1）在室外自然光照的情况下，用万用表测量太阳能电池组件的开路电压，计算太阳能电池单体的工作电压。

2）将4块单晶硅太阳能电池组件安装在铝型材支架上，太阳能电池组件并联连接。分别在室内、室外光照的情况下，用万用表测量太阳能电池方阵的开路电压。

3）将4块单晶硅太阳能电池组件2块串联2块并联，分别在室内、室外光照的情况下，用万用表测量太阳能电池方阵的开路电压。

7.1.3 使用的器材与操作步骤

1. 使用的器材和工具

1）太阳能电池组件，数量：4块。

2）铝型材，型号：XC-6-2020，数量：4根，长度：856mm。

3）铝型材，型号：XC-6-2020，数量：2根，长度：776mm。

4）万用表，数量：1 块。

5）内六角扳手，数量：1 套；十字螺钉旋具和一字螺钉旋具，数量：各 1 把。

6）螺钉、螺母若干。

2．操作步骤

1）用万用表测量太阳能电池组件的太阳能电池的引线电压，了解单个太阳能电池片如何连接成组件。

2）将 1 块太阳能电池组件移至室外，使太阳能电池组件正对着自然光线。用万用表直流电压档的合适量程测量太阳能电池组件的开路电压，记录开路电压数值。统计太阳能电池组件上太阳能电池单体的数量，计算太阳能电池单体的工作电压。将太阳能电池组件的开路电压、太阳能电池单体的工作电压填入表 7-1 中。

表 7-1　太阳能电池组件的开路电压和太阳能电池单体的工作电压

太阳能电池组件 开路电压 U/V	太阳能电池单体数量/块	太阳能电池单体 工作电压 U/V

3）将 4 块太阳能电池组件安装在铝型材支架上，形成太阳能电池方阵，如图 7-1 所示。要求太阳能电池方阵排列整齐，紧固件不松动，将 4 块太阳能电池组件并联连接。

将安装好的太阳能电池方阵移至室外，使太阳能电池方阵正对着自然光线。用万用表直流电压档的合适量程测量太阳能电池方阵的开路电压，记录开路电压数值。

再将安装好的太阳能电池方阵移至室内，使太阳能电池方阵正对着室内灯光。用万用表直流电压档的合适量程测量太阳能电池方阵的开路电压，记录开路电压数值。

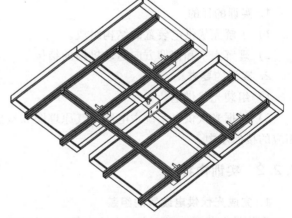

图 7-1　太阳能电池组件安装成太阳能电池方阵示意图

4）4 块太阳能电池组件 2 块串联 2 块并联，接好线后移至室外，使太阳能电池方阵正对着自然光线。用万用表直流电压档的合适量程测量太阳能电池方阵的开路电压，记录开路电压数值。

再将安装好的太阳能电池方阵移至室内，正对着室内灯光。用万用表直流电压档的合适量程测量太阳能电池方阵的开路电压，记录开路电压数值。

5）将上述的开路电压数值填入表 7-2 内。

表 7-2　太阳能电池方阵的开路电压

位置	太阳能电池组件并联开路电压 U/V	太阳能电池组件 2 块串联 2 块并联开路电压 U/V
室外		
室内		

7.1.4　实训小结

1）太阳能电池单体是光电转换最小的单元，工作电压约为 0.5V，不能单独作为光伏电源使用。将太阳能电池单体进行串、并联封装构成太阳能电池组件后，便可以单独作为光伏电源使用的最小单元。实际工程中是将太阳能电池组件经过串、并联组合，构成了太阳能电池方阵，以满足不同的负载供电需要。

2）将太阳能电池组件安置在室外自然光线下测量开路电压，计算出的太阳能电池单体工作电压比较接近实际值。

3）太阳能电池组件在室内、室外的开路电压是有明显的差异，表明太阳能电池组件在较强的光照度下，能够提供较高的电能。

4）为了使得太阳能电池组件提供较高的电能，方法之一是让太阳能电池组件跟踪光源。

7.2　组装光伏供电装置

7.2.1　实训的目的和要求

1. 实训的目的

1）了解光伏供电装置的结构组成。

2）理解水平和俯仰方向运动机构的结构。

2. 实训的要求

1）组装光伏供电装置。

2）根据光伏供电系统主电路电气原理图和接插座图，将电源线、信号线和控制线接在相应的接插座中。

7.2.2　实训内容

1. 完成光伏供电装置的组装

光伏供电装置主要由光伏电池组件、投射灯、光线传感器、光线传感器控制盒、摆杆支架、摆杆减速箱、单相交流电动机、水平方向和俯仰方向运动机构、水平运动和俯仰运动直流电动机、接近开关、微动开关、底座支架等设备与器件组成。

（1）水平方向和俯仰方向运动机构　水平方向和俯仰方向运动机构如图 7-2 所示，运动机构中有两个减速箱，一个称为水平方向运动减速箱，另一个称为俯仰方向运动减速箱，这两个减速箱的减速比为 1：80，分别由水平运动和俯仰运动直流电动机通过传动链驱动。太阳能电池方阵安装在水平方向和俯仰方向运动机构上方，如图 7-3 所示，当水平方向和俯仰方向运动机构运动时，带动太阳能电池方阵做水平方向偏转移动和俯仰方向偏转移动。

（2）光源移动机构　摆杆支架安装在摆杆减速箱的

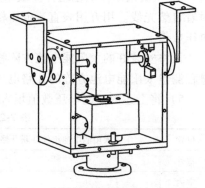

图 7-2　水平方向和俯仰方向运动机构

输出轴上，摆杆减速箱的减速比为1∶3000，摆杆减速箱由单相交流电动机驱动，摆杆支架上方安装两盏500W的投射灯，组成如图7-4所示的光源移动机构。当交流电动机旋转时，投射灯随摆杆支架做圆周移动，实现投射灯光源的连续运动。

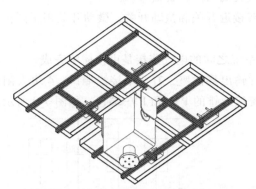

图7-3 太阳能电池方阵与水平方向和俯仰方向运动机构

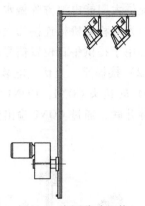

图7-4 光源移动机构

（3）光线传感器 光线传感器安装在太阳能电池方阵中央，用于获取不同位置投射灯的光照强度，它通过光线传感控制盒，将东、西、南、北方向的投射灯的光强信号转换成开关量信号传输给光伏供电系统的PLC，由PLC进行相应的控制。

（4）光伏供电装置结构 水平方向和俯仰方向运动机构、光源移动机构分别安装在底座支架上，组成光伏供电装置，图7-5所示为光伏供电装置底座支架示意图，图7-6是光伏供电装置示意图。图7-7和图7-8所示分别为太阳能电池方阵偏转移动示意图和投射灯光源连续运动示意图。

图7-5 光伏供电装置
底座支架示意图

2. 完成接线

整理水平和俯仰方向运动机构、投射灯、单相交流电动机、接近开关和微动开关的电源

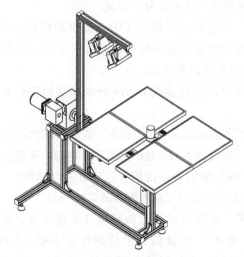

图7-6 光伏供电装置示意图

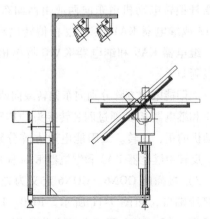

图7-7 太阳能电池方阵偏转移动示意图

线、信号线和控制线，根据 CON1~CON7 接插座图，将电源线、信号线和控制线接在相应的接插座中。

（1）接近开关和微动开关　水平方向和俯仰方向运动机构中装有接近开关和微动开关，用于提供太阳能电池方阵做水平偏转和俯仰偏转的极限位置信号。

与光源移动机构连接的底座支架部分装有接近开关和微动开关，微动开关用于限位，接近开关用于提供午日位置信号。

（2）接插座　光伏供电装置和光伏供电系统之间的电气连接是由接插座完成。

1）转接头 CON1。CON1 定义为光伏组件输出接插座，有 2 个接线端口，4 块太阳能电池组件并联，通过 CON1 输出到光伏供电系统接线排的 PV+和 PV-端口。如图 7-9 所示。

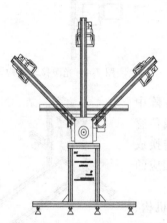

图 7-8　投射灯光源连续运动示意图

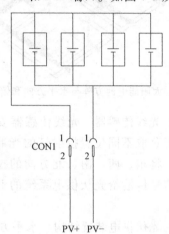

图 7-9　CON1 光伏组件输出接插座图

2）接插座 CON2、CON3、CON4 和 CON5。CON2 有 3 个接线端口，接插座 CON3 有 4 个接线端口，接插座 CON4 有 4 个接线端口，接插座 CON5 有 4 个接线端口。

继电器 KA11 和继电器 KA12 将单相 AC220V 通过三芯接插座 CON2 提供给摆杆偏转电动机，电动机旋转时，安装在摆杆上的投射灯由东向西或由西向东方向移动。摆杆偏转电动机是单相交流电动机，正、反转由继电器 KA11 和继电器 KA12 分别完成。

继电器 KA13 和继电器 KA14 是限位继电器，通过四芯接插座 CON3 提供给限位开关。当摆杆偏转电动机由东向西或由西向东移动时，触碰到固定在摆杆两边的限位开关，继电器 KA13 或继电器 KA14 阻止摆杆偏转电动机继续再向东或向西摆动。

继电器 KA9 和继电器 KA10 将单相 AC220V 通过四芯转接头 CON4 分别提供给投射灯 1 和投射灯 2。

太阳能电池方阵分别向东偏转或向西偏转是由水平运动直流电动机控制，正、反转由继电器 KA1 和继电器 KA2 通过四芯转接头 CON5 向直流电动机提供不同极性的直流 24V 电源，实现直流电动机的正、反转。太阳能电池方阵分别向北偏转或向南偏转是由俯仰运动直流电动机控制，正、反转由继电器 KA3 和继电器 KA4 完成。光伏供电主电路电气原理图如图 7-10 所示。

3）接插座 CON6。CON6 定义为光伏组件水平、垂直电动机运动限位开关接插座，有 8 个接线端口，如图 7-11 所示。I0.0、I0.1、I0.2 和 I0.3 所接的是限位继电器 KA5、KA6、KA7 和 KA8。当太阳能电池方阵水平运动直流电动机向东偏转或向西偏转时，触碰到固定

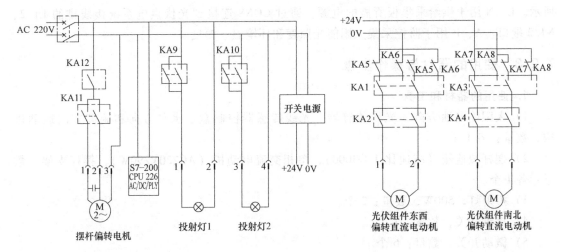

图7-10　光伏供电主电路电气原理图

在云台下方的两个限位开关，继电器 KA5 或继电器 KA6 阻止水平运动直流电动机继续向东偏转或向西偏转。当太阳能电池方阵俯仰运动直流电动机向南偏转或向北偏转时，触碰到固定在云台内部连接杆上的两个限位开关，继电器 KA7 或继电器 KA8 阻止俯仰运动直流电动机继续向南偏转或向北偏转。

4）接插座 CON7。CON7 定义为太阳能跟踪探头接插座，有 8 个接线端口，如

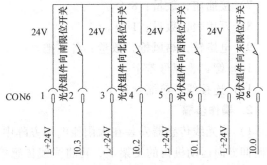

图 7-11　CON6 光伏组件水平、垂直电动机
运动限位开关接插座

图 7-12 所示。光线传感器中的上、下、左、右光敏电阻接收到不同光照强度时，分别产生"高"或"低"的开关信号。通过 CON7 连接到接线排 SQ0.0、SQ0.1、SQ0.2、SQ0.3、SQ0.4 和 SQ0.5 端口，分别被 PLC 输入端 A1+、B1+、C1+、D1+、A2+和 B2+接收。CON7 的 7、8 端口连接到接线排+5V 和 0V 电源，供给太阳能跟踪探头所需电源。

5）接插座 CON8。CON8 定义为太阳能环境采集接插座，有 4 个接线端口，如图 7-13

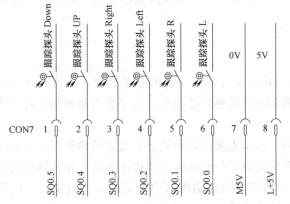

图 7-12　CON7 太阳能跟踪探头接插座

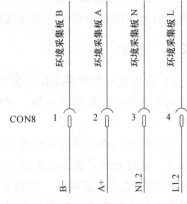

图 7-13　CON8 太阳能环境采集接插座

所示。L、N 用于供给采集板所需的电源，通过 CON8 连接到光伏供电系统接线排的 L1.2、N1.2 端口。A、B 用于监控采集太阳能光照度和环境温、湿度。

7.2.3　使用的器材与操作步骤

1. 使用的器材和工具

1）太阳能电池方阵、光线传感器、光线传感器控制盒、水平方向和俯仰方向运动机构，数量：各 1 个。

2）摆杆减速箱（减速比 1∶3000）、单相交流电动机（AC220V/90W）、摆杆支架，数量：各 1 个。

3）投射灯，500W，数量：2 个。

4）接近开关，数量：1 个。

5）微动开关，数量：6 个。

6）底座支架，数量：1 个。

7）接插座，数量：8 个、

8）万用表，数量：1 块。

9）电烙铁，热风枪，数量：各 1 把。

10）螺钉、螺母若干。

11）连接线、热缩管若干。

2. 操作步骤

1）将光线传感器安装在太阳能电池方阵中央，然后将太阳能电池方阵安装在水平方向和俯仰方向运动机构的支架上，再将光线传感控制盒装在底座支架上，要求紧固件不松动。

将水平方向和俯仰方向运动机构中的两个直流电动机分别接 24V 电源，太阳能电池方阵匀速做水平方向或俯仰方向的偏移运动。

2）将摆杆支架安装在摆杆减速箱的输出轴上，然后将摆杆减速箱固定在底座支架上，再将两盏投射灯安装在摆杆上方的支架上，要求紧固件不松动。

3）根据光伏供电主电路电气原理图和接插座图，焊接水平方向和俯仰方向运动机构、单相交流电动机、投射灯、光线传感器、光线传感控制盒、接近开关和微动开关的引出线，引出线的焊接要光滑、可靠，焊接端口使用热缩管绝缘。

4）整理上述焊接好的引出线，将电源线、信号线和控制线接在相应的接插座中，接插座端的引出线使用管型端子和接线标号。

7.2.4　小结

1）光伏供电装置是太阳能发电实训系统将光能转换为电能的基本装置，该装置有几个重要组成部分：光源移动机构、光线传感器和光线传感器控制盒、水平方向和俯仰方向运动机构。

光源移动机构的功能是使光源连续移动，模拟太阳的运动轨迹。光线传感器采集光源的光强度，通过光线传感器控制盒将不同位置的光强信号传输给光伏供电系统。光伏供电系统中的 PLC 接受光强信号后，控制水平方向和俯仰方向运动机构中的直流电动机旋转，使得太阳能电池方阵对准光源以获取最大的光电转换效率。

2）微动开关是光伏供电装置中不可缺少的器件，这些器件用于确定光源移动机构和太阳能电池方阵在移动中的位置，起到定位和保护作用。

3）光伏供电装置各部分的动作是由光伏供电系统来控制完成。

7.3　验证太阳能电池的输出特性

7.3.1　实训的目的和要求

1. 实训的目的

1）通过实训了解太阳能电池的 $I—V$ 特性。

2）通过实训了解太阳能电池的输出功率特性。

2. 实训的要求

1）利用光伏供电装置和光伏供电系统，实际测量太阳能电池组件电位、电流值，验证 $I—V$ 特性。

2）绘制太阳能电池组件的 $I—V$ 特性曲线和输出功率曲线。

7.3.2　实训内容

调整太阳能电池方阵与投射灯 1、2 的位置，改变太阳能电池方阵负载的阻值，记录太阳能电池方阵的输出电压值和电流值，绘制太阳能电池的 $I—V$ 特性曲线和输出功率曲线。

7.3.3　使用的器材操作步骤

1. 使用的器材和工具

1）光伏供电装置，数量：1 台。

2）光伏供电控制单元，数量：1 个。

3）光伏电源控制单元，数量：1 个。

4）可调电位器，$1000\Omega/100\mathrm{W}$，数量：1 个。

5）万用表，数量：1 块。

6）十字螺钉旋具和一字螺钉旋具，数量：各 1 把。

2. 操作步骤

1）利用太阳能电池组件光源跟踪手动控制程序，在光伏供电控制单元上分别按下东西按钮和西东按钮，调节光伏供电装置的摆杆处于垂直状态。分别按下向东按钮、向西按钮、向北按钮和向南按钮，调节太阳能电池方阵的位置，使太阳能电池方阵正对着投射灯。

2）太阳能电池方阵的负载是 $1000\Omega/50\mathrm{W}$ 的可调电位器，将可调电位器的阻值调为 0，按下投射灯 1 按钮，灯亮。记录此时直流电压表和直流电流表显示太阳能电池方阵输出的电压和电流值，直流电压表显示 0V，直流电流表显示的电流数值是太阳能电池方阵的短路电流。

3）将可调电位器的旋钮顺时针旋转到 50Ω 左右的刻度位置，记录太阳能电池方阵输出的电压和电流值。然后可调电位器每增加 50Ω 左右的阻值时，记录一次直到可调电位器的阻值增大到 1000Ω 为止，此时直流电流表显示 0A，直流电压表显示的电压数值可以作为此时太阳能电池方阵的开路电压。

4）将上述记录的各组太阳能电池方阵输出的电压值和电流值在图 7-14 所示输出特性坐标中标出相应的坐标位置，然后绘制太阳能电池方阵的 $I—V$ 特性曲线。

5）将各组太阳能电池方阵输出的电压值和电流值相乘，结果在图 7-14 所示输出特性坐标中标出相应的坐标位置，然后绘制太阳能电池方阵的输出功率曲线。

6）在投射灯 1、2 都通电点亮的情况下，重复步骤 2）~5）过程。

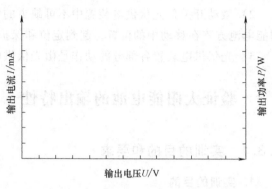

图 7-14　太阳能电池方阵的输出特性坐标

7.3.4　小结

1）太阳能电池、光伏组件和太阳能电池方阵的输出特性是非线性的。

2）在投射灯 1 通电点亮、灯 1 和灯 2 都通电点亮的不同情况下，太阳能电池方阵输出特性和输出功率特性是不同的。

3）光伏组件或太阳能电池方阵的负载如何获取最大功率是需要进一步研究和解决的问题。

7.4　光线传感器

7.4.1　实训的目的和要求

1. 实训的目的

1）了解光敏电阻、电压比较器的工作特性。

2）理解光线传感器的工作原理。

2. 实训的要求

熟悉光线传感器的引线定义，能够正确使用光线传感器。

7.4.2　基本原理

光线传感器的电气原理图如图 7-15 所示。IC1a 和 IC1b 是电压比较器，电阻 R3 和 R4 给 IC1a 和 IC1b 电压比较器提供反相端固定电平，RG1、RP1 和 R1 为 IC1a 电压比较器提供同相端电平，RG2、RP2 和 R2 为 IC1b 电压比较器提供同相端电平。

在无光照或暗光的情况下，光敏电阻 RG1 的阻值较大，RG1、RP1 和 R1 组成的分压电路提供给 IC1a 电压比较器同相端的电平低于 IC1a 电压比较器反相端的固定电平，IC1a 电压比较器输出低电平，晶体管 V1 截止，继电器 KA1 不导通，常开触点 KA1-1 和常闭触点 KA1-2 保持常态，信号 1 端无电平输出。同样在无光照或暗光的情况下，RG2、RP2 和 R2 组成的分压电路提供给 IC1b 电压比较器同相端的电平低于 IC1b 电压比较器反相端的固定电平，晶体管 V2 截止，继电器 KA2 不导通，常开触点 KA2-1 和常闭触点 KA2-2 保持常态，信号 2 端无电平输出。

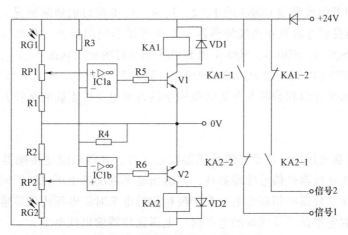

图 7-15　光线传感器电气原理图

将光敏电阻 RG1 和光敏电阻 RG2 安装在透光的深色有机玻璃罩中，光敏电阻 RG1 和光敏电阻 RG2 在罩中用不透光的隔板分开。当太阳光或灯光斜照射在光敏电阻 RG1 一侧，光敏电阻 RG1 受光照射，其阻值变小；光敏电阻 RG2 没有受到光的照射，其阻值不变。RG1、RP1 和 R1 组成的分压电路提供给 IC1a 电压比较器同相端的电平高于 IC1a 电压比较器反相端的固定电平，IC1a 电压比较器输出高电平，晶体管 V1 导通，继电器 KA1 线圈得电导通，常开触点 KA1-1 闭合、常闭触点 KA1-2 断开，信号 1 端输出高电平。PLC 接收该高电平后，控制水平方向和俯仰方向运动机构中的相应的直流电动机旋转，使太阳能电池方阵向光敏电阻 RG1 一侧偏转。同样的道理，当太阳光或灯光斜照射在光敏电阻 RG2 一侧，信号 2 端输出高电平，PLC 控制水平方向和俯仰方向运动机构中的相应的直流电动机旋转，使太阳能电池方阵向光敏电阻 RG2 一侧偏转。

太阳能电池方阵在偏转过程中，当太阳光或灯光处在光敏电阻 RG1 和光敏电阻 RG2 上方，IC1a 电压比较器和 IC1b 电压比较器均输出高电平，晶体管 V1 和 V2 导通，继电器 KA1 和 KA2 的线圈得电导通，常开触点 KA1-1 和 KA2-1 闭合、常闭触点 KA1-2 和 KA2-2 断开，信号 1 端和信号 2 端无电平输出，水平方向和俯仰方向运动机构中的相应的直流电动机停止动作，太阳能电池方阵也停止偏转。

实际的光线传感器在透光的深色有机玻璃罩中安装了 4 个光敏电阻，用十字形不透光的隔板分别隔开，这 4 个光敏电阻所处的位置分别定义为东、西、北、南。东、西光敏电阻和北、南光敏电阻分别组成如图 7-15 所示的电路，因此，有 4 路信号提供给 PLC。当光线传感器接受不同位置的光照时，PLC 会控制水平方向和俯仰方向运动机构中的直流电动机旋转，直到太阳能电池方阵正对着光源为止。

7.4.3　实训内容

操作光伏供电控制单元的有关按钮，移动点亮的投射灯，通过 PLC 输入输出端口的发光二极管观察光线传感器的输出状态。

7.4.4　操作步骤

1）将通电的投射灯放置在光线传感器上方并更换不同的位置，接插座 CON7 的 7、8 端口接 5V 电源，用万用表测量 CON7 的 1、2、3、4、5、6 端口的通断情况。

2）将通电的投射灯放置在光线传感器上方并更换不同的位置，观察 S7-200 CPU226 的 SQ0.0、SQ0.1、SQ0.2、SQ0.3、SQ0.4 和 SQ0.5 指示灯的显示状态。

3）根据 S7-200 CPU226 的 SQ0.0、SQ0.1、SQ0.2、SQ0.3、SQ0.4 和 SQ0.5 指示灯的显示状态，判定水平方向和俯仰方向运动机构中的直流电动机正确的旋转方向。

7.4.5 小结

1）光敏电阻和电压比较器是光线传感器核心元件，光敏电阻是传感器，其特点是受光后阻值变小；电压比较器是信号处理器件，其输出电平取决于电压比较器同相端和反相端电平的高低。当电压比较器同相端的电平高于反相端的电平时，电压比较器输出高电平；当电压比较器同相端的电平低于反相端的电平时，电压比较器输出低电平。

2）继电器 KA1 常开触点和继电器 KA2 常闭触点串联的作用是同组光敏电阻都受光时，信号 1 端无输出；继电器 KA1 常闭触点和继电器 KA2 常开触点串联的作用是同组光敏电阻都受光时，信号 2 端无输出。

7.5 设计太阳能电池组件光源跟踪控制程序

7.5.1 实训的目的和要求

1. 实训的目的

1）了解太阳能电池组件光源跟踪控制原理和技术。

2）掌握太阳能电池组件跟踪手动控制和自动控制程序设计的方法。

2. 实训的要求

1）根据光伏供电主电路电气原理图和接插座图，检查相关电路的接线。

2）根据 PLC 输入输出配置，检查相关的接线。

3）完成太阳能电池组件跟踪手动控制和自动控制 PLC 程序设计。

7.5.2 基本原理

1. 光伏供电控制单元

1）光伏供电控制单元的选择开关有两个状态，选择开关拨向左边时，PLC 处在手动控制状态，可以进行太阳能电池组件跟踪、灯状态、灯运动操作。选择开关拨向右边时，PLC 处在自动控制状态，按下启动按钮，PLC 执行自动控制程序。

2）PLC 处在手动控制状态时，按下向东按钮，PLC 的 Q1.1 输出 +24V 电平，向东按钮的指示灯亮；PLC 的 Q0.2 输出 +24V 电平，继电器 KA2 线圈通电，继电器的常开触点闭合，+24V 电源通过继电器 KA2 和接插座 CON5 提供给水平方向和俯仰方向运动机构中控制太阳能电池组件向东偏转或向西偏转的直流电动机工作，太阳能电池组件向东偏转。

如果按下向西按钮，PLC 的 Q1.2 输出 +24V 电平，向西按钮的指示灯亮；PLC 的 Q0.1 输出 +24V 电平，继电器 KA1 线圈通电，继电器的常开触点闭合，+24V 电源通过继电器 KA1 和接插座 CON5 提供给水平方向和俯仰方向运动机构中控制太阳能电池组件向东偏转或向西偏转的直流电动机工作，由于继电器 KA1 改变了 +24V 电源的极性，光伏电池组件向西偏转。

向东按钮和向西按钮在程序上采取互锁关系。向北按钮和向南按钮的作用与向东按钮和向西按钮的作用相同，按下向北按钮或向南按钮时，太阳能电池组件向北偏转或向南偏转。

3）PLC 处在手动控制状态时，按下灯 1 和灯 2 按钮，PLC 的 Q0.4 和 Q0.5 输出 +24V 电平，灯 1 和灯 2 按钮的指示灯亮，继电器 KA9 线圈和继电器 KA10 线圈通电，继电器常开触点闭合。继电器 KA9 和继电器 KA10 将单相 AC220V 通过接插座 CON4 分别提供给投射灯 1 和投射灯 2。

4）PLC 处在手动控制状态时，按下东西按钮，PLC 的 Q1.5 输出 +24V 电平，东西按钮的指示灯亮。PLC 的 Q0.6 输出 +24V 电平，继电器 KA11 线圈通电，继电器的常开触点闭合，将单相 AC220V 通过接插座 CON2 提供给摆杆偏转电动机，电动机旋转时，安装在摆杆上的投射灯由东向西方向移动。

如果按下西东按钮，PLC 的 Q1.6 输出 +24V 电平，西东按钮的指示灯亮。PLC 的 Q0.7 输出 +24V 电平，继电器 KA12 线圈通电，继电器的常开触点闭合，将单相 AC220V 通过接插座 CON2 提供给摆杆偏转电动机，电动机旋转时，安装在摆杆上的投射灯由西向东方向移动。

东西按钮和西东按钮在程序上采取互锁关系。

5）PLC 处在自动控制状态时，按下启动按钮时，PLC 运行自动程序。摆杆上的投射灯由东向西方向或由西向东方向移动，光线传感器中 4 象限的光敏电阻感受不同的光强度，通过光线传感控制盒中的电路将 +5V 电平或 0V 电平通过 6 个通道分别输出到 PLC 的 SP0.0、SP0.1、SP0.2、SP0.3、SP0.4 和 SP0.5 输入端，分别对应为太阳能电池组件向东、向西、向北、向南、L 和 R 偏移的信号。如果 PLC 的 SP0.0 接收到 +5V 电平，PLC 的 Q0.2 输出 +24V 电平，继电器 KA2 线圈通电，常开触点闭合，+24V 电源通过继电器 KA2 和接插座 CON5 提供给水平方向和俯仰方向运动机构中控制太阳能电池组件向东偏转或向西偏转的直流电动机工作，太阳能电池组件向东偏转。如果 PLC 的 SP0.1 接收到 +5V 电平，太阳能电池组件向西偏转；如果 PLC 的 SP0.2 或 SP0.3 接收到 +5V 电平，则太阳能电池组件向北或向南偏转。

2. PLC

太阳能电池组件光源跟踪控制器选用 S7-200 CPU226，继电器输入输出配置见表 7-3。

表 7-3　S7-200 CPU226 输入输出配置

序号	输入输出	配置	序号	输入输出	配置
1	I0.0	光伏组件向东限位开关	10	I1.1	向北按钮
2	I0.1	光伏组件向西限位开关	11	I1.2	向南按钮
3	I0.2	光伏组件向北限位开关	12	I1.3	灯 1 按钮
4	I0.3	光伏组件向南限位开关	13	I1.4	灯 2 按钮
5	I0.4	旋转开关自动挡	14	I1.5	东西按钮
6	I0.5	启动按钮	15	I1.6	西东按钮
7	I0.6	急停按钮	16	I1.7	停止按钮
8	I0.7	向东按钮	17	I2.0	摆杆东西向限位开关
9	I1.0	向西按钮	18	I2.1	摆杆西东向限位开关

（续）

序号	输入输出	配置	序号	输入输出	配置
19	I2.2		43	A−1	DC5V
20	Q0.0	继电器 KA1 线圈	44	B+1	R
21	Q0.1	继电器 KA2 线圈	45	B−1	DC5V
22	Q0.2	继电器 KA3 线圈	46	C+1	Left
23	Q0.3	继电器 KA4 线圈	47	C−1	DC5V
24	Q0.4	灯 1 按钮指示灯、KA9 圈	48	D+1	Right
25	Q0.5	灯 2 按钮指示灯、KA10 线圈	49	D−1	DC5V
26	Q0.6	继电器 KA11 线圈	50	A+2	UP
27	Q0.7	继电器 KA12 线圈	51	A−2	DC5V
28	Q1.0	启动按钮指示灯	52	B+2	Down
29	Q1.1	向东按钮指示灯	53	B−2	DC5V
30	Q1.2	向西按钮指示灯	54	C+2	NC1
31	Q1.3	向北按钮指示灯	55	C−2	NC1
32	Q1.4	向南按钮指示灯	56	D+2	NC2
33	Q1.5	东西按钮指示灯	57	D−2	NC2
34	Q1.6	西东按钮指示灯	58	1M	0V
35	Q1.7	停止按钮指示灯	59	2M	0V
36	1L	DC24V	60	M1	0V
37	2L	DC24V	61	M2	0V
38	3L	DC24V	62	L+1	DC24V
39	PE	PE	63	PE	PE
40	N	N	64	M3	0V
41	L1	L	65	L+2	DC24V
42	A+1	L	66	PE	PE

7.5.3 实训内容

1）根据光伏供电系统的电气原理图，检查相关电路的接线。

2）检查 PLC 输入输出的相关接线。

3）太阳能电池组件光源跟踪的 PLC 控制程序设计。

7.5.4 使用的器材与操作步骤

1. 使用的器材和工具

1）光伏供电装置，数量：1 台。

2）光伏供电控制单元，数量：1 个。

3）光伏电源控制单元，数量：1 个。

4）S7-200 CPU226 PLC，24 个输入、16 个继电器输出，数量：1 个。

5）万用表，数量：1 块。

6）十字螺钉旋具和一字螺钉旋具，数量：各 1 把。

2. PLC 程序设计

手动跟踪控制参考程序如图 7-16 所示。

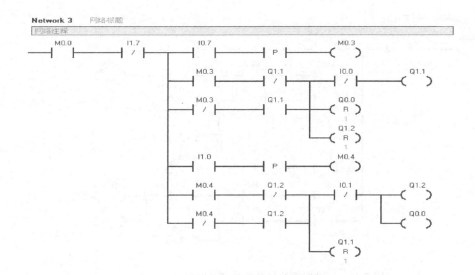

图 7-16　手动跟踪控制参考程序

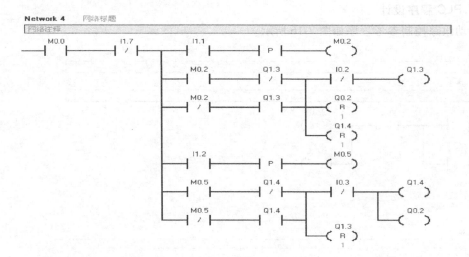

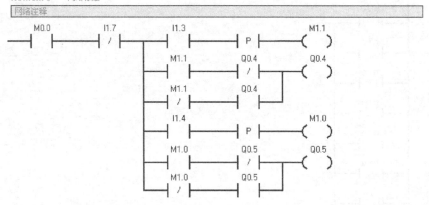

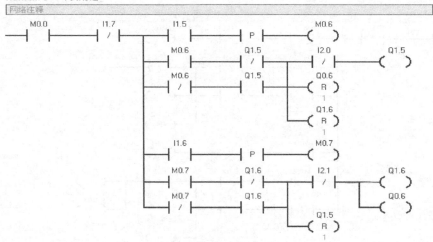

图 7-16　手动跟踪控制参考程序（续）

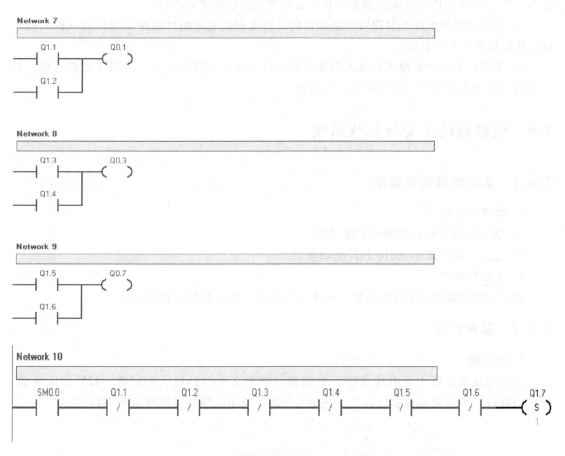

图 7-16 手动跟踪控制参考程序（续）

3. 程序调试

1）利用万用表检查相关电路的接线。

2）在手动状态下，分别按下向东、向西、向北、向南按钮，观察太阳能电池方阵的运动方向，当按下停止按钮时，太阳能电池方阵停止运动；观察太阳能电池方阵在极限位置是否能停止运动。如果太阳能电池方阵运动状态不正常，检查接线和程序后再重复调试。

3）在手动状态下，分别按下投射灯 1、2 按钮，观察投射灯 1 和投射灯 2 是否发光，当按下停止按钮时，点亮的投射灯熄灭，如果不正常，检查接线和程序后再重复调试。

4）在手动状态下，分别按下东西和西东按钮，观察摆杆的运动状态；当按下停止按钮时，摆杆停止运动；观察摆杆在极限位置是否停止运动。如果摆杆运动状态不正常，检查接线和程序后再重复调试。

5）在自动状态下，按下启动按钮时，投射灯 1 或投射灯 2 亮，摆杆做东西向运动，太阳能电池方阵跟踪投射灯运动；当摆杆运动到东西向极限位置时，摆杆做西东向运动，太阳能电池方阵跟踪投射灯运动。如果上述运动不正常，重点检查程序。

7.5.5 小结

1）太阳能电池组件光源跟踪控制涉及电子技术、自动控制、机械设计、传感器与检测技术、低压电器及 PLC 技术应用等知识,是典型的综合性实训项目。

2)太阳能电池组件光源跟踪控制的目的是使太阳能电池组件跟踪光源以获取较大的光能,从而输出较大的电能。

3)为了使学生能够深入理解太阳能电池组件光源跟踪控制方法,建议在实训之前,指导教师自行定义 S7-200 CPU226 PLC 的配置。

7.6   模拟调试逆变与负载系统

7.6.1   实训的目的和要求

1. 实训的目的

1)通过实训了解逆变器的工作原理。

2)通过实训了解 EG8010 芯片的功能。

2. 实训的要求

利用示波器检测逆变器的基波、SPWM 等波形,加深对逆变器的理解。

7.6.2   基本原理

1. 主电路

逆变与负载系统主要由逆变器、变频器、三相交流电动机、控制器、12V 直流负载、12V LED 灯、变阻器和警示灯组成,逆变与负载系统主电路电气原理如图 7-17 所示。

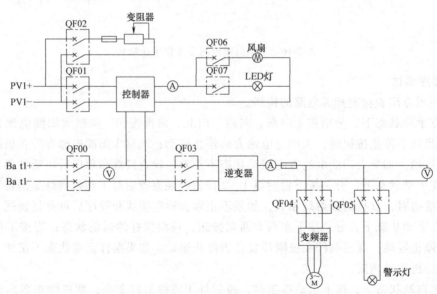

图 7-17   逆变与负载系统主电路电气原理图

逆变器的输入蓄电池组提供逆变器输出单相 220V、50Hz 的交流电源。交流调速系统由变频器和三相交流电动机组成,逆变器的输出 AC220V 电源是变频器的输入电源,变频器将单相 AC220V 变换为三相 AC220V 供三相交流电动机使用。

光伏板 PV1+、PV-和蓄电池 Bat1+、Bat1-是供给逆变与负载系统使用。

2. 逆变器

逆变器是将低压直流电源变换成高压交流电源的装置，逆变器的种类很多，各自的具体工作原理、工作过程不尽相同。本实训装置使用的逆变器由 DC-DC 升压 PWM 控制芯片单元、驱动+升压功率 MOS 管单元、升压变压器、SPWM 芯片单元、高压驱动芯片单元、全桥逆变功率 MOS 管单元、LC 滤波器组成。

本实训设备使用的逆变器是将直流 12V 电源转换为频率为 50Hz 的单相交流 220V 电源，逆变器的组成原理框图如图 7-18 所示。

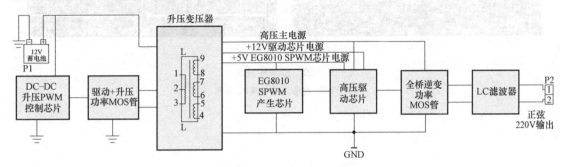

图 7-18　逆变器的组成原理框图

7.6.3　实训内容

实测逆变器的基波、SPWM 等波形，测量死区电位等。

7.6.4　使用的器材与操作步骤

1. 使用的器材和工具

1）逆变器。

2）逆变器测试模块。

3）示波器。

4）万用表。

5）U 盘。

2. 操作步骤

1）将逆变器的测试线正确地接在逆变器测试模块插座中，接通逆变器开关。

2）将示波器探头接在逆变器的输出测试端，测量 50Hz 交流正弦波，如图 7-19 所示，并截图保存。

3）将示波器探头接在逆变器的 PWM1—PWM2 测试端，测量 SPWM 波形，如图 7-20 所示，并截图保存。

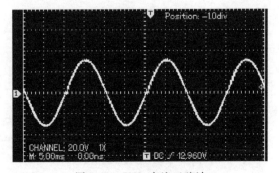

图 7-19　50Hz 交流正弦波

7.6.5　小结

逆变器是将低压直流电源变换成高压交流电源的装置，逆变器的种类很多，各自的具体工作原理、工作过程不尽相同。

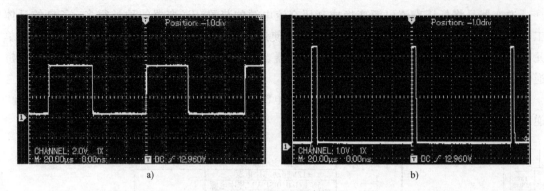

图 7-20　SPWM 波形
a）PWM1 波形　　b）PWM2 波形

参 考 文 献

[1] 石光，陈红雨. 铅酸蓄电池隔板 [M]. 北京：化学工业出版社，2010.

[2] 黄可龙，王兆翔，刘素琴. 锂离子电池原理与关键技术 [M]. 北京：化学工业出版社，2008.

[3] 刘广林. 铅酸蓄电池工艺学概论 [M]. 2 版. 北京：机械工业出版社，2011.

[4] 王兆安. 电力电子技术 [M]. 5 版. 北京：机械工业出版社，2017.

[5] 郑忠杰，吴作海. 电力电子变流技术 [M]. 2 版. 北京：机械工业出版社，2011.

[6] 龚素文，李图平. 电力电子技术 [M]. 2 版. 北京：北京理工大学出版社，2014.

[7] 刘凤君. 现代逆变技术及应用 [M]. 北京：电子工业出版社，2006.

[8] 张兴，等. 太阳能光伏并网发电及其逆变控制 [M]. 北京：机械工业出版社，2011.

[9] 杨金焕. 太阳能光伏发电应用技术 [M]. 2 版. 北京：电子工业出版社，2013.

[10] 何道清，何涛，丁宏林. 太阳能光伏发电系统原理与应用技术 [M]. 北京：化学工业出版社，2012.

[11] 赵书安. 太阳能光伏发电及应用技术 [M]. 南京：东南大学出版社，2011.

[12] 李钟实. 太阳能光伏发电系统设计施工与维护 [M]. 北京：人民邮电出版社，2010.

[13] 王长贵，王斯成. 太阳能光伏发电实用技术 [M]. 北京：化学工业出版社，2009.

[14] 王志娟. 太阳能光伏技术 [M]. 杭州：浙江科学技术出版社，2009.

[15] 王东. 太阳能光伏技术与系统集成 [M]. 北京：化学工业出版社，2011.

[16] 冯垛生，王飞. 太阳能光伏发电技术图解指南 [M]. 北京：人民邮电出版社，2011.

[17] 赵争鸣，等. 太阳能光伏发电及其应用 [M]. 北京：科学出版社，2005.

[18] 杨贵恒，等. 太阳能光伏发电系统及其应用 [M]. 北京：化学工业出版社，2011.

[19] 谢建，马勇刚. 太阳能光伏发电工程实用技术 [M]. 北京：化学工业出版社，2010.

[20] 黄汉云. 太阳能光伏发电应用原理 [M]. 北京：化学工业出版社，2009.

[21] 罗玉峰，廖卫兵，刘波. 光伏科学概论 [M]. 南昌：江西高校出版社，2009.

[22] 周潘兵. 光伏技术与应用概论 [M]. 北京：中央广播电视大学出版社，2011.

[23] 王南，陈艺峰，吴恒亮. 光伏并网逆变器低电压穿越技术研究 [J]. 大功率变流技术，2013，42
    （1）：38-42.